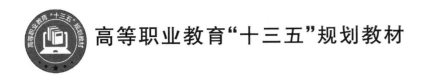

高等职业教育"十三五"规划教材

通信网络线务技术

主　编　李　玮

副主编　郑运刚　江　应　冷　伟

主　审　吕习良

U0282545

北京邮电大学出版社
www.buptpress.com

内 容 简 介

本书以《信息通信网络线务员国家职业技能标准》(2018年版)中的光缆线务员技能考纲为编写主线,针对三、四、五级技术人员的工作技能要求进行了编写,主要设置了光缆施工与维护、管道敷设与维护、杆线施工与维护以及楼宇布线与维护4章内容。

本书有助于在校高职生及在职光缆线务员掌握:光缆线路的基础知识、光缆线路中的故障排查与接续,通信管道基础知识、勘察与测量技术以及人(手)孔等的开挖与敷设等,杆路线路基础知识、杆路架设的安装要求及上下电杆的规范,入户线缆的布线规范和施工以及简单的用户网络技术。学生完成本书的学习后可以报考信息通信网络线务员光缆线务方向的资格考试。

本书注重实际生产中对通信网络线务技术人员的技能要求,选材适当,实用性强,突出通信网络中光缆线务的操作与维护。本书既可以作为高职高专通信类专业光缆线路工程类教材用书,也可以作为光缆线务员的参考用书和技能鉴定用书。

图书在版编目(CIP)数据

通信网络线务技术 / 李玮主编. -- 北京:北京邮电大学出版社,2020.1(2023.12重印)
ISBN 978-7-5635-5939-8

Ⅰ. ①通… Ⅱ. ①李… Ⅲ. ①通信线路—线路工程 Ⅳ. ①TN913

中国版本图书馆 CIP 数据核字(2019)第 274836 号

书　　名:通信网络线务技术
主　　编:李　玮
责任编辑:徐振华　米文秋
出版发行:北京邮电大学出版社
社　　址:北京市海淀区西土城路 10 号(邮编:100876)
发 行 部:电话:010-62282185　传真:010-62283578
E-mail:publish@bupt.edu.cn
经　　销:各地新华书店
印　　刷:保定市中画美凯印刷有限公司
开　　本:787 mm×1 092 mm　1/16
印　　张:11.75
字　　数:302 千字
版　　次:2020 年 1 月第 1 版　2023 年 12 月第 3 次印刷

ISBN 978-7-5635-5939-8　　　　　　　　　　　　　　定　价:29.00 元

前　　言

我国光纤用量每年在 3 亿芯公里左右,已敷设的光缆约为全球光缆敷设总量的一半,光缆维护规模总量巨大,线路线务工程的发展与维护需要大量的专业技能人才。2018 年工业和信息化部电子通信行业职业技能鉴定指导中心组织专家对通信网络线务员考纲进行了修订,通信网络线务技术技能专业包含了光缆线务、电缆线务及天馈线务。本书以光缆线务技术为基础,以光缆线务技术中三、四、五级的技术技能要求为编写依据。本书既可以用于线务技术人员的自学与技能鉴定,又可以作为高职高专通信类专业光缆线路工程类教材用书,能为正在从事和今后将要从事通信网络线务技术工作的人员奠定良好的专业技能基础。本书中所列尺寸,未标明单位的按毫米计。

本书共设置了 4 章内容,具体安排如下。

第 1 章光缆施工与维护,主要介绍光缆线路基础知识、光缆测试、光缆接续等,重点实操为光缆故障的排查与光缆接续的规范和技巧。

第 2 章管道敷设与维护,主要介绍通信管道基础知识、管道勘察与测量、人(手)孔的敷设以及管道的开挖与回填。

第 3 章杆线施工与维护,主要介绍杆线线路基础知识、杆路的架设安装、脚扣登杆及相关测试仪表的使用。

第 4 章楼宇布线与维护,主要介绍用户室内布线基础知识、建筑内布线的基础以及用户终端的安装等相关知识。

本书由四川邮电职业技术学院实验实训中心光缆线路工程实训教学团队组织编写,第 1 章由李玮编写,第 2 章由郑运刚编写,第 3 章由江应编写,第 4 章由冷伟编写,全书由李玮统稿。本书由四川邮电职业技术学院教务处副处长吕习良主审,并由其提供信息通信网络线务员国家职业技能标准最新考纲。

由于编者水平有限,书中难免有不足和错误之处,恳请读者批评指正。

编　者

目　　录

第 1 章　光缆施工与维护 ……………………………………………………………………… 1

1.1　光缆线路知识 …………………………………………………………………………… 1

1.1.1　光纤与光缆 ……………………………………………………………………… 1

1.1.2　光纤连接器 ……………………………………………………………………… 11

1.1.3　光缆线路工程所使用的仪器仪表 ……………………………………………… 12

1.1.4　光缆接续及障碍处理 …………………………………………………………… 19

1.1.5　光缆工程施工与验收 …………………………………………………………… 25

1.2　光缆测试 ………………………………………………………………………………… 30

1.2.1　尾纤连接器和光缆的识别 ……………………………………………………… 30

1.2.2　对地绝缘特性测试 ……………………………………………………………… 33

1.2.3　红光笔和光功率计的使用 ……………………………………………………… 34

1.2.4　OTDR 的使用及光缆故障排查 ………………………………………………… 35

1.3　光缆接续 ………………………………………………………………………………… 39

1.3.1　熔接机的使用 …………………………………………………………………… 39

1.3.2　光缆的接续与成端 ……………………………………………………………… 41

课后练习 ……………………………………………………………………………………… 55

第 2 章　管道敷设与维护 …………………………………………………………………… 56

2.1　通信管道知识 …………………………………………………………………………… 56

2.1.1　土质的识别 ……………………………………………………………………… 56

2.1.2　沙灰的基础知识 ………………………………………………………………… 59

2.1.3　管道专用工具 …………………………………………………………………… 60

2.2　管道勘察、测量 ………………………………………………………………………… 66

2.2.1　管道坡度 ………………………………………………………………………… 66

2.2.2　管道中线与高程测量 …………………………………………………………… 68

2.2.3　管道的测量 ……………………………………………………………………… 71

2.3　管道、人(手)孔敷设 …………………………………………………………………… 72

2.3.1　管道的敷设 ……………………………………………………………………… 72

2.3.2 人(手)孔的敷设 ……………………………………………… 81

2.4 管道开挖与回填 …………………………………………………… 87

2.4.1 挖掘沟(坑) ………………………………………………… 87

2.4.2 回填土 ………………………………………………………… 89

课后练习 ……………………………………………………………… 90

第3章 杆线施工与维护 ……………………………………………… 91

3.1 杆线线路知识 ……………………………………………………… 91

3.1.1 杆路基础知识 ………………………………………………… 91

3.1.2 杆路作业规程 ………………………………………………… 97

3.2 杆路的架设安装 …………………………………………………… 98

3.2.1 杆路的测量 …………………………………………………… 98

3.2.2 杆洞的开挖及立杆 …………………………………………… 106

3.2.3 拉线及地锚的施工 …………………………………………… 108

3.2.4 吊线及其辅助装置的施工 …………………………………… 116

3.2.5 架空光缆敷设 ………………………………………………… 123

3.3 脚扣登杆 …………………………………………………………… 126

3.4 测试仪表的使用 …………………………………………………… 127

课后练习 ……………………………………………………………… 130

第4章 楼宇布线与维护 ……………………………………………… 132

4.1 用户室内布线基础 ………………………………………………… 132

4.1.1 用户引入线的定义及分类 …………………………………… 132

4.1.2 入户光缆技术要求 …………………………………………… 132

4.1.3 入户光缆施工工艺 …………………………………………… 134

4.1.4 电缆引入线技术要求 ………………………………………… 135

4.2 建筑物楼道布线基础 ……………………………………………… 137

4.2.1 建筑物内布线基础 …………………………………………… 137

4.2.2 布线设备基础知识 …………………………………………… 142

4.2.3 缆线施工与端接 ……………………………………………… 144

4.3 用户终端安装基础 ………………………………………………… 154

4.3.1 用户终端设备 ………………………………………………… 155

4.3.2 用户终端设备的安装与配置 ………………………………… 155

4.3.3 终端设备指示灯的含义 ……………………………………… 156

4.4 用户网络基础知识 ………………………………………………… 157

4.4.1 计算机系统相关知识 ………………………………………… 158

4.4.2　路由器 ··· 162

4.4.3　网络常见故障处理 ··· 164

课后练习 ··· 167

参考文献 ··· 168

附录 1　信息通信网络线务员五级/初级工职业能力要求 ········ 169

附录 2　信息通信网络线务员四级/中级工职业能力要求 ········ 172

附录 3　信息通信网络线务员三级/高级工职业能力要求 ········ 175

附录 4　信息通信网络线务员理论知识权重表 ·················· 177

附录 5　信息通信网络线务员技能要求权重表 ·················· 178

第1章 光缆施工与维护

1.1 光缆线路知识

1.1.1 光纤与光缆

<主要考点>

- 光纤的损耗特性(四级)
- 光纤损耗特性的测试方法(三级)
- 光缆的结构、类型(五级)
- 光缆的敷设方法(架空、直埋、管道)(四级)
- 光缆的基本特性(三级)

<主要内容>

1. 光纤的基本结构

光纤(Optical Fiber)是由中心的纤芯和外围的包层同轴组成的圆柱形细丝。纤芯的折射率比包层稍高,损耗比包层更低,光能量主要在纤芯内传输。包层为光的传输提供反射面和光隔离,并起一定的机械保护作用。

光纤的基本结构一般是双层或多层的同心圆柱体,如图1.1所示,其中心部分是纤芯,纤芯外面的部分是包层,纤芯的折射率高于包层的折射率,从而形成一种光波导效应,使大部分的光被束缚在纤芯中传输,实现光信号的长距离传输。由纤芯和包层组成的光纤通常称为裸光纤,这种光纤如果直接使用,由于裸露在环境中,容易受到外界温度、压力、水汽等的侵蚀,因此实际应用的光纤都在裸光纤外增加了防护层,用于缓冲外界的压力,增加光纤的抗拉、抗压强度,改善光纤的温度特性和防潮性能等。防护层通常包括数层,可细分为包层外面的缓冲涂层、加强材料涂覆层以及最外侧的套塑层。光纤的几何尺寸很小,纤芯直径一般为 $5\sim50~\mu m$,包层的外径一般为 $125~\mu m$,包括防护层在内整个光纤的外径也只有 $250~\mu m$ 左右。

2. 光纤的类型

ITU-T 建议规范的常见单模光纤如下所述。

① G.652 光纤。G.652 光纤也称标准单模光纤(SMF),是指色散零点(即色散为零的波长)在 1 310 nm 附近的光纤。

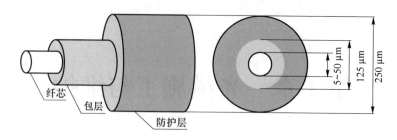

图 1.1　光纤的基本结构

② G.653 光纤。G.653 光纤也称色散位移光纤(DSF),是指色散零点在 1 550 nm 附近的光纤,相对于 G.652 光纤,G.653 光纤的色散零点发生了移动,所以称作色散位移光纤。

③ G.654 光纤。G.654 光纤是截止波长移位的单模光纤,其设计重点是降低 1 550 nm 的衰减,其色零散点仍然在 1 310 nm 附近,因而 1 550 nm 窗口的色散较高。G.654 光纤主要应用于海底光纤通信。

④ G.655 光纤。G.653 光纤的色散零点在 1 550 nm 附近,而密集波分复用(DWDM)系统在零色散波长处工作易引起四波混频效应,为了避免该效应,将色散零点的位置从 1 550 nm 附近移开一定波长数,使色散零点不在 1 550 nm 附近的 DWDM 工作波长范围内,得到的 G.655 光纤就是非零色散位移光纤(NDSF)。

⑤ G.657 光纤。G.657 光纤具有良好的抗弯曲性能,因此,G.657 光纤适用于光纤接入网,包括位于光纤接入网终端的建筑物内的各种布线。

3. 光纤的损耗特性

（1）损耗系数

光纤的损耗限制了光纤最大无中继传输距离。光纤的损耗用损耗系数 $\alpha(\lambda)$ 表示,单位为 dB/km,即每单位长度光功率损耗的分贝值。如果注入光纤的功率为 P_{in},光纤的长度为 L,经长度为 L 的光纤传输后光功率为 P_{out},由于光功率是随长度按指数规律衰减的,因此

$$\alpha(\lambda) = \frac{10}{L} \lg \frac{P_{in}}{P_{out}} \tag{1.1}$$

而损耗值即传输一段距离后光信号的损失为

$$A(\lambda) = 10 \lg \frac{P_{in}}{P_{out}} \tag{1.2}$$

光纤的损耗系数与光纤因折射率波动而产生的散射,如瑞利散射、光缺陷、杂质吸收(如 OH^-、红外)等有关,且是波长的函数:

$$\alpha(\lambda) = \frac{c_1}{\lambda^4} + c_2 + A_1(\lambda) \tag{1.3}$$

式中,c_1 为瑞利散射常数,c_2 为与缺陷有关的常数,$A_1(\lambda)$ 为杂质引起的波吸收。

光纤损耗与波长的关系如图 1.2 所示,从中可以看出,有三个低损耗窗口,其中心波长分别位于 0.85 μm、1.30 μm、1.55 μm 处。

（2）光纤的损耗特性

光波在光纤中传输时,随着传输距离的增加,光功率强度逐渐减弱,光纤对光波产生衰减

作用,这种现象称作光纤的损耗(或衰减)。

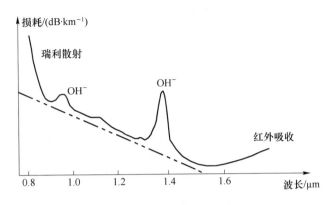

图 1.2　光纤损耗与波长的关系

光纤的损耗限制了光信号的传输距离。光纤的损耗主要取决于吸收损耗、散射损耗、弯曲损耗 3 种损耗,还有一种损耗是耦合损耗,通常情况下光纤越长耦合损耗越不重要,因此一般不考虑耦合损耗,但为了保证完整性,本书给出光纤传输的剩余功率的计算公式,用于帮助读者理解光纤的损耗特性:

$$P_{out} = (P_{in} - \Delta P)[1 - (\alpha + s)]^D \tag{1.4}$$

其中,P_{out} 为输出功率;P_{in} 为输入功率;ΔP 为耦合损耗,α 为单位长度的吸收损耗;s 为单位长度的散射损耗;D 为光信号传输的长度,即光纤的长度。

1) 吸收损耗

吸收损耗是因制造光纤的材料本身以及其中的过渡金属离子和氢氧根离子(OH^-)等杂质对光的吸收而产生的损耗,前者是由光纤材料本身的特性决定的,称为本征吸收损耗。

① 本征吸收损耗。本征吸收损耗在光学波长及其附近有两种基本的吸收方式,即紫外吸收损耗和红外吸收损耗。紫外吸收损耗是光纤中传输的光子流将光纤材料中的电子从低能级激发到高能级时,由于光子流中的能量被电子吸收而引起的损耗。红外吸收损耗是光纤中传播的光波与晶格相互作用时,由于一部分光波能量传递给晶格使其振动加剧而引起的损耗。

② 杂质吸收损耗。光纤中的有害杂质主要有过渡金属(如铁、钴、镍、铜、锰、铬等)离子和 OH^-。

③ 原子缺陷吸收损耗。通常在光纤的制造过程中,光纤材料受到某种热激励或光辐射时会发生某个共价键断裂而产生原子缺陷,此时晶格很容易在光场的作用下产生振动,从而吸收光能,引起损耗,其峰值吸收波长约为 630 nm。

2) 散射损耗

① 线性散射损耗。任何光纤波导都不可能是完美无缺的,材料、尺寸、形状和折射率分布等均可能有缺陷或不均匀,这将引起光纤传播模式散射性的损耗,由于这类损耗所引起的损耗功率与传播模式的功率呈线性关系,因此称为线性散射损耗。

• 瑞利散射。瑞利散射是一种最基本的散射过程,属于固有散射。对于短波长光纤,损耗主要取决于瑞利散射损耗。值得强调的是,瑞利散射损耗也是一种本征损耗,它和本征吸收损耗一起构成光纤损耗的理论极限值。

• 光纤结构不完善引起的散射损耗(波导散射损耗)。在光纤制造过程中,工艺、技术问题以及一些随机因素可能造成光纤结构上的缺陷,如光纤的纤芯和包层的界面不完整、芯径变化、圆度不均匀、光纤中残留气泡和裂痕等。

② 非线性散射损耗。光纤中存在两种非线性散射,它们都与石英光纤的振动激发态有关,分别为受激拉曼散射和受激布里渊散射。

3) 弯曲损耗

光纤的弯曲有两种形式:一种是曲率半径比光纤的直径大得多的弯曲,通常称作弯曲或宏弯;另一种是光纤轴线产生的微米级的弯曲,这种高频弯曲通常称作微弯。

在光缆的生产、接续和施工过程中,不可避免地会出现弯曲。

微弯是光纤受到侧压力和套塑光纤遇到温度变化时,光纤的纤芯、包层和套塑的热膨胀系数不一致而引起的,其损耗机理和弯曲一致,也是由模式变换引起的。

4. 损耗测量

光纤损耗测量有三种基本方法:其中两种是测量通过光纤的传输光功率,称作剪断法和插入法;另一种是测量光纤的后向散射光功率,称作后向散射法。

(1) 剪断法

光纤损耗系数为

$$\alpha = \frac{10}{L} \lg \frac{P_1}{P_2} \qquad (1.5)$$

式中,L 为被测光纤长度(单位为 km),P_1 和 P_2 分别为输入光功率和输出光功率(单位为 mW 或 W)。

由此可见,只要测量长度为 L_2 的长光纤的输出光功率 P_2,保持注入条件不变,在注入装置附近剪断光纤,保留长度为 L_1(一般为 2~3 m)的短光纤,测量其输出光功率 P_1(即长度为 $L = L_2 - L_1$ 这段光纤的输入光功率),根据式(1.5)即可计算出 α 值。

但是,由于高阶模式的损耗比低阶模式的更大,在光纤中传输的(对数)光功率 $\lg P$ 与光纤长度 L 的关系不是线性关系,如图 1.3 所示,测得的 α 值与注入条件和光纤长度有关,但不能唯一代表光纤的本征特性。由图 1.3 可见,只有在稳态模式分布(注入光束数值孔径 N_{Ab} 和被测光纤数值孔径 N_{Af} 相匹配)的注入条件下,$\lg P$ 与 L 才是线性关系。

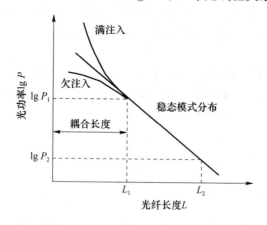

图 1.3 光功率和光纤长度的关系

在满注入($N_{Ab} > N_{Af}$)或欠注入($N_{Ab} < N_{Af}$)的条件下,被测短光纤的长度要等于或大于光纤耦合长度($L_1 \geqslant L_c$),才能获得稳态模式分布,只有在稳态模式分布的条件下,才能得到唯一代表光纤本征特性的 α 值。

获得稳态模式分布的方法有三种:

① 建立 $N_{Ab} \approx N_{Af}$ 的光学系统;

② 建立稳态模式模拟器,一般包括扰模器和包层模消除器;

③ 用一根性能和被测光纤相同或相似的辅助光纤,代替光纤耦合长度的作用,这种方法在现场应用中非常方便。

图 1.4 所示为剪断法光纤损耗测量系统的框图。光源一般采用谱线宽度足够窄的激光器,在整个测量过程中,光源位置、强度和波长应保持稳定。注入装置的功能是保证多模光纤在短距离内达到稳态模式分布。对于单模光纤,应保证全长为单模传输。接收一般包括光敏面积足够大的光检测器、放大器和电平测量或数据显示,通常用光功率计来实现。根据测得的 P_1 和 P_2 可计算 α 值。

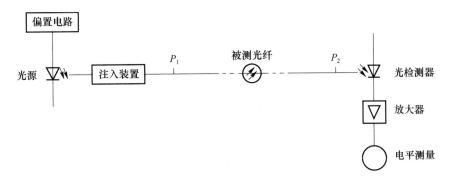

图 1.4　剪断法光纤损耗测量系统框图

对损耗谱的测量要求采用谱线宽度很宽的光源(如卤灯或发光管)和波长选择器(如单色仪或滤光片),测出不同波长的光功率 $P_1(\lambda)$ 和 $P_2(\lambda)$,然后计算 $\alpha(\lambda)$。

剪断法根据损耗系数的定义直接测量传输光功率,所用仪器简单,测量结果准确,因而被确定为基准方法。但这种方法是破坏性的,不利于多次重复测量。

在实际应用中,可以采用插入法作为替代方法。插入法是指将注入装置的输出和光检测器的输入直接连接,测出光功率 P_1,然后在两者之间插入被测光纤,再测出光功率 P_2,据此计算 α 值。这种方法可以根据工作环境灵活运用,但应对连接损耗进行合理的修正。

(2) 后向散射法

瑞利散射光功率与传输光功率成比例。利用与传输光方向相反的瑞利散射光功率来确定光纤损耗系数的方法称作后向散射法。

设在光纤中正向传输光功率为 P,经过 L_1 和 L_2 点($L_1 < L_2$)时功率分别为 P_1 和 P_2($P_1 > P_2$),从这两点返回输入端($L=0$),光检测器的后向散射光功率分别为 $P_d(L_1)$ 和 $P_d(L_2)$,经分析推导得到,正向和反向平均损耗系数

$$\alpha = \frac{10}{2(L_2 - L_1)} \lg \frac{P_d(L_1)}{P_d(L_2)} \tag{1.6}$$

式中等号右边分母中的因子 2 是光经过正向和反向两次传输产生的结果。

后向散射法不仅可以测量损耗系数,还可以利用光在光纤中传输的时间来确定光纤的长度 L。显然,$L = \frac{ct}{2n_1}$,式中,c 为光速,n_1 为光纤的纤芯折射率,t 为光脉冲从发出到返回的时间。后向散射法光纤损耗测量系统的框图如图 1.5 所示。光源应采用特定波长稳定的大功率

激光器,调制的脉冲宽度和重复频率应和所要求的长度分辨率相适应。耦合器件把光脉冲注入被测光纤,又把后向散射光注入光检测器。光检测器应具有很高的灵敏度。

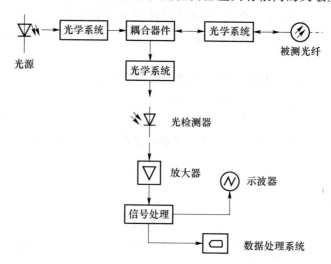

图 1.5　后向散射法光纤损耗测量系统框图

图 1.6 是后向散射功率曲线的示例,其中包括:

① 输入端反射区(盲区);

② 恒定斜率区,用以确定损耗系数;

③ 熔接点、微弯、局部缺陷引起的损耗;

④ 活动连接器、接头、介质缺陷(如气泡、破裂)引起的反射;

⑤ 输出端反射区,用以确定光纤长度。

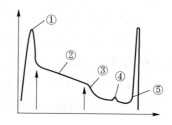

图 1.6　后向散射功率曲线的示例

利用后向散射法的原理设计的测量仪器称为光时域反射仪。这种仪器采用单端输入和输出,不破坏光纤,使用非常方便。光时域反射仪不仅可以测量光纤损耗系数和光纤长度,还可以测量连接器和接头的损耗、观察光纤沿线的均匀性和确定故障点的位置,是光纤通信系统工程现场测量不可缺少的工具。

5. 光缆的结构

为了构成实用的传输线路,同时便于工程上的安装和敷设,常常将若干根光纤组合成光缆。虽然在拉丝过程中经过涂覆的光纤已具有一定的抗拉强度,但仍经不起弯折、扭曲等侧压力,所以必须把光纤和其他保护元件组合起来构成光缆,使光纤能在各种敷设条件下和各种工程环境中使用,达到实际应用的目的。

光缆的最主要的技术要求是保证在制造成缆、敷设时以及在各种使用环境下光纤的传输性能不受影响且具有长期稳定性,其主要性能包括以下几点。

① 机械性能:包括抗拉强度、抗压、抗冲击和弯曲性能。

② 温度特性:包括高温和低温温度特性。

③ 重量和尺寸:每千米重量及外径尺寸。

上述性能中最关键的是机械性能,它是保持光缆在各种敷设条件下都能为缆芯提供足够的抗拉、抗压、抗弯曲等机械强度的关键指标。光缆必须采用加强芯和光缆防护层(简称护层),根据敷设方式的不同,护层要求也不一样。

管道光缆的护层要求具有较高的抗拉、抗侧压、抗弯曲的能力;直埋光缆要加装铠装层,要考虑地面的振动和虫咬等;架空光缆的护层要考虑环境的影响,还要有防弹层等;海底光缆则要求具有更高的抗拉强度和更高的抗水压能力。

为了满足上述性能,必须合理地设计光缆的结构。光缆的结构可分为缆芯和护层两大部分。

(1)缆芯

缆芯通常包括被覆光纤(或称芯线)和加强件两部分。被覆光纤是光缆的核心,决定着光缆的传输特性。加强件起着承受光缆拉力的作用,通常处在缆芯中心,有时配置在护套中。加强件通常用杨氏模量大的钢丝或非金属材料〔如芳纶纤维(Kevlar)〕做成。根据缆芯结构的特点,光缆常见以下 4 种基本型式。

① 层绞式:把松套光纤绕在中心加强件周围绞合而成。这种结构的缆芯制造设备简单,工艺相当成熟,得到了广泛应用。采用松套光纤的缆芯可以增强抗拉强度,改善温度特性。

② 骨架式:把紧套光纤或一次被覆光纤放入中心加强件周围的螺旋形塑料骨架凹槽内而成。这种结构的缆芯抗侧压力性能好,有利于对光纤的保护。

③ 中心束管式:把一次被覆光纤或光纤束放入大套管中,加强件配置在套管周围而成。这种结构的加强件同时起着护套的部分作用,有利于减轻光缆的重量。

④ 带状式:把带状光纤单元放入大套管内,形成中心束管式结构,也可以把带状光纤单元放入骨架凹槽或松套管内,形成骨架式或层绞式结构。带状式缆芯有利于制造容纳几百根光纤的高密度光缆,这种光缆已广泛应用于接入网。

光缆的类型多种多样,图 1.7 给出了若干典型实例。

(2)护套

护套起着对缆芯的机械保护和环境保护作用,要求具有良好的抗侧压力性能以及密封防潮和耐腐蚀的能力。护套通常由聚乙烯或聚氯乙烯(PE 或 PVC)和铝带或钢带构成。不同的使用环境和敷设方式对护套的材料和结构有不同的要求。

根据使用条件,光缆可以分为许多类型。一般光缆有室内光缆、架空光缆、直埋光缆和管道光缆等。特种光缆常见的有:电力网使用的架空地线复合光缆(OPGW),跨越海洋的海底光缆,易燃易爆环境使用的阻燃光缆以及各种不同条件下使用的军用光缆等。

6. 光缆的种类与型号

(1)光缆的种类

光缆的种类很多,其分类方法也很多,习惯的分类方式如下所述。

① 根据光缆的传输性能、距离和用途,光缆可以分为市话光缆、长途光缆、海底光缆和用户光缆。

② 根据光纤的种类,光缆可以分为多模光缆、单模光缆。

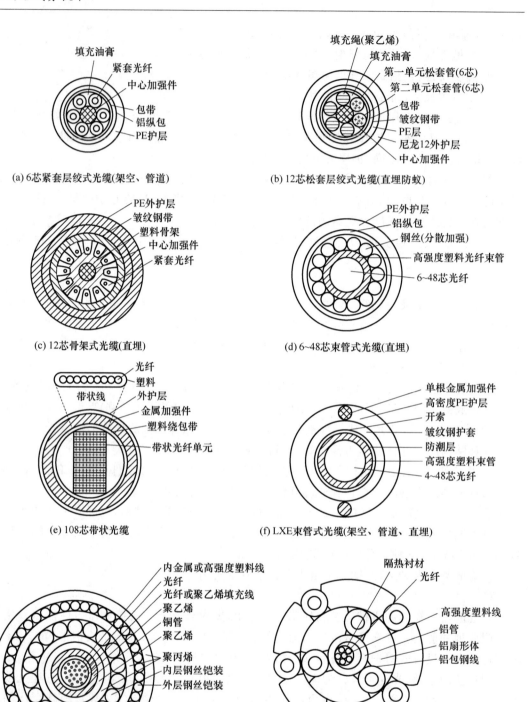

图 1.7 光缆类型的典型实例

③ 根据光纤套塑的种类,光缆可以分为紧套光缆、松套光缆、束管式新型光缆和带状式多芯单元光缆。

④ 根据光纤芯数,光缆可以分为单芯光缆和多芯光缆等。

⑤ 根据加强构件的配置方式,光缆可以分为中心加强构件光缆(如层绞式光缆、骨架式光缆等),分散加强构件光缆(如束管式光缆)和护层加强构件光缆(如带状式光缆)。

⑥ 根据敷设方式,光缆可以分为管道光缆、直埋光缆、架空光缆和水底光缆。

⑦ 根据护层材料的性质,光缆可以分为普通光缆,阻燃光缆和防蚁、防鼠光缆等。

(2) 光缆的型号

光缆的种类较多,同其他产品一样,具有具体的型式和规格。光缆的型式代号由分类、加强构件、派生(形状、特性等)、护套和外护层五部分组成,如图 1.8 所示。

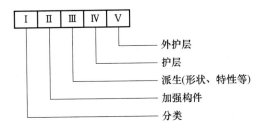

图 1.8　光缆的型式代号

① 光缆分类代号及其意义如下所述。

GY:通信用室(野)外光缆。

GR:通信用软光缆。

GJ:通信用室(局)内光缆。

GS:通信用设备内光缆。

GH:通信用海底光缆。

GT:通信用特殊光缆。

GW:通信用无金属光缆。

② 加强构件的代号及其意义如下所述。

无符号:金属加强构件。

F:非金属加强构件。

G:金属重型加强构件。

H:非金属重型加强构件。

③ 派生特征的代号及其意义如下所述。

B:扁平式结构。

Z:自承式结构。

T:填充式结构。

S:松套结构。

注意:当光缆型式兼有不同派生特征时,其代号字母顺序并列。

④ 护套的代号及其意义如下所述。

Y:聚乙烯护套。

V:聚氯乙烯护套。

U:聚氨酯护套。

A:铝、聚乙烯护套。

L：铝护套。

Q：铅护套。

G：钢护套。

S：钢、铝、聚乙烯综合护套。

⑤外护层的代号及其意义如下所述。

外护层是指铠装层及铠装层外面的外被层，外护层采用两位数字表示，各代号的意义如表1.1所示。

表1.1　外护层的代号及其意义

代号	铠装层（方式）	代号	外护层（材料）
0	无	0	无
1	—	1	纤维层
2	双钢带	2	聚氯乙烯套
3	细圆钢丝	3	聚乙烯套
4	粗圆钢丝	—	—
5	单钢带皱纹纵包	—	—

7. 光缆的敷设方式

光缆的敷设方式可分为管道光缆、直埋光缆、架空光缆和水底光缆。

（1）管道光缆

管道光缆是通信光缆敷设方式的一种。管道敷设一般是在城市地区，由于管道敷设的环境比较好，因此对光缆护层没有特殊要求，无须铠装。管道敷设前必须选择敷设段的长度和接续点的位置。敷设时可以采用机械旁引或人工牵引，一次牵引的牵引力不要超过光缆的允许张力。制作管道的材料可根据地理选用混凝土、石棉水泥、钢管、塑料管等。

（2）直埋光缆

直埋光缆是通信光缆敷设方式的一种。直埋光缆外部有钢带或钢丝的铠装，直接埋设在地下，要求有抵抗外界机械损伤的性能和防止土壤腐蚀的性能。

（3）架空光缆

架空光缆是架挂在电杆上使用的光缆。架空光缆敷设可以利用原有的架空明线杆路，以节省建设费用、缩短建设周期。架空光缆挂设在电杆上，要求能适应各种自然环境，一般用于长途二级或二级以下的线路，适用于专用网光缆线路或某些局部特殊地段。

（4）水底光缆

水底光缆是通信光缆敷设方式的一种。水底光缆是敷设于水底，穿越河流、湖泊和滩岸等处的光缆。水底敷设的环境比管道敷设、直埋敷设的环境差得多。水底光缆必须采用钢丝或钢带铠装的结构，护层的结构要根据河流的水文地质情况综合考虑。例如，在石质土壤、冲刷性强的季节性河床，光缆遭受磨损、拉力大的情况下，不仅需要粗钢丝做铠装，甚至需要双层的铠装。施工的方法也要根据河宽、水深、流速、河床、河床土质等情况进行选定。

水底光缆的敷设环境条件比直埋光缆的严峻得多，修复故障的技术和措施也困难得多，所以水底光缆的可靠性要求也比直埋光缆的高。

海底光缆也是水底电缆，但是其敷设环境条件比一般的水底光缆更加严峻，要求更高，海底光缆系统及其元器件的使用寿命要求在 25 年以上。

8. 光缆的基本特性

光缆的传输特性取决于被覆光纤,对光缆机械特性和环境特性的要求由使用条件确定。光缆生产出来后,对拉力、压力、扭转、弯曲、冲击、振动和温度等主要特性,要根据国家标准的规定做例行试验。成品光缆一般要求给出下述特性,这些特性的参数都可以用经验公式进行分析计算,这里只进行简要的定性说明。

(1) 拉力特性

光缆能承受的最大拉力取决于加强件的材料和横截面积,一般要求大于 1 km 光缆的重量,多数光缆为 1 000~4 000 N。

(2) 压力特性

光缆能承受的最大侧压力取决于护套的材料和结构,多数光缆能承受的最大侧压力为 1 000~4 000 N/10 cm。

(3) 弯曲特性

弯曲特性主要取决于纤芯与包层的相对折射率差以及光缆的材料和结构。实用光纤最小弯曲半径一般为 20~50 mm,光缆最小弯曲半径一般为 200~500 mm,等于或大于光纤最小弯曲半径。在以上条件下,光辐射引起的光纤附加损耗可以忽略,若小于最小弯曲半径,附加损耗则急剧增加。

(4) 温度特性

光纤本身具有良好的温度特性。光缆的温度特性主要取决于光缆材料的选择及结构的设计,采用松套管二次被覆光纤的光缆温度特性较好。温度变化时,光纤损耗增加,主要是由于光缆材料(塑料)的热膨胀系数比光纤材料(石英)的大 2~3 个数量级,在冷缩或热胀过程中,光纤受到应力作用。在我国,对光缆使用温度的要求,一般在低温地区为 -40~+40 ℃,在高温地区为 -5~+60 ℃。

1.1.2　光纤连接器

<主要考点>

• 光缆尾纤连接器的型号分类(五级)

<主要内容>

光纤连接器的基本原理是采用某种机械和光学机构,使两根光纤的纤芯对准,保证 90% 以上的光可以通过。

光纤连接器是光学元器件中的基础元件,除了实现光纤之间的连接外,它还具有将光纤光缆、有源器件、其他无源器件、系统与仪表实现连接的功能。

1. 活动连接器

① 连接器插头(Plug Connector):使光纤(缆)在转换器或变换器中完成插拔功能的器件。

② 转换器(Adaptor):把光纤(缆)插头连接在一起,从而实现光纤接通的器件。

③ 跳线(Jumper Connector):两端都装上插头的一根光纤(缆)。

④ 变换器(Converter):使某种型号的插头换成另一种型号的插头的器件。

⑤ 裸光纤转换器（Bare Fiber Adaptor）：使裸光纤与光源、探测器、各类光仪表连接的器件。

2. 固定连接器

固定连接器主要为光纤熔接（Fiber Fusing Splicing）。

3. 基本制造类型

转换器的基本类型如表 1.2 所示。

表 1.2　转换器的基本类型

序号	按插针分类	类型						
1	φ2.5 mm 陶瓷	SC	FC	ST	ESCON	E2000	BSC2	DIN
2	φ1.25 mm 陶瓷	LC	MU					
3	φ2.0 mm 陶瓷	D4						
4	φ3.17 mm 陶瓷	SMA905		SMA906				
5	方型塑料插芯	MT	MPX	MPT	MT-RJ			
6	双锥插芯	（老式连接器）						

4. 插针端面

① PC：无角度接触连接器（Non-angled Physical Contact connector）。

② APC：有角度接触连接器（Angled Physical Contact connector）。

这里端面一般为球面，球面增加回损。比较两种连接器，APC 斜球端面连接器可以在接触时产生更大的回波损耗，其数值可以达到 50～70 dB，而一般的 PC 端面连接器回损约为 30～40 dB，只是由于角度位置的要求，APC 连接器制作工艺会较为复杂。

1.1.3　光缆线路工程所使用的仪器仪表

＜主要考点＞

• 光时域反射仪的使用方法（五级）
• 光时域反射仪的基本原理（四级）
• 光缆路由探测仪的使用方法（四级）
• 光功率计的使用方法（四级）
• 光纤熔接机的使用方法（四级）

＜主要内容＞

1. 光时域反射仪

光时域反射仪（OTDR）又称后向散射仪或光脉冲测试器，是光纤光缆的生产、施工及维护工作中不可缺少的重要仪表，被称为光通信中的"万用表"。光时域反射仪是光缆线路工程施工和维护中常用的光纤测试仪表，可测量插入损耗、反射损耗、光纤链路损耗、光纤的长度和光纤的后向散射曲线。

OTDR 具有功能多、体积小、操作简便、可重复测量且不需要其他仪表配合等特点，可自动存储测试结果,自带打印机。OTDR 生产厂商众多,但其原理、功能、操作均大同小异,具体操作时应以厂商说明书为准。

(1) OTDR 的组成

OTDR 利用其激光光源向被测光纤发送一光脉冲,光脉冲在光纤本身及各特征点上会有光信号反射回 OTDR。反射回的光信号又通过一个定向耦合器耦合到 OTDR 的接收器,并在这里转换成电信号,最终在显示器上显示出结果曲线,如图 1.9 所示。

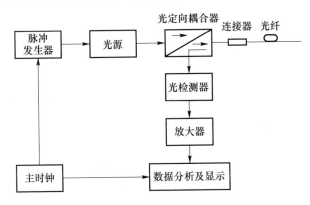

图 1.9　OTDR 的组成

各部分的作用如下所述。

光源:将符合规定要求的稳定的光信号发送到被测光纤。

脉冲发生器:控制光源发送的时间,控制数据分析和显示电路与光源同步工作,以得到正确的分析结果。

光定向耦合器:将光源发出的光耦合到被测光纤,并将光纤沿线各点反射回的光耦合到光检测器。

光检测器:将被测光纤反射回的光信号转换为电信号。

放大器:将光检测器送来的电信号放大、整形。

数据分析及显示:将反射回的信号与发送脉冲比较,计算出相关数据;同时配有分析电路,为曲线分析提供支持。

(2) 基本概念

光时域反射仪是依靠光的菲涅尔反射和瑞利散射进行工作的。

1) 背向散射

光纤自身反射回的光信号称为背向散射光(简称背向散射),如图 1.10 所示。

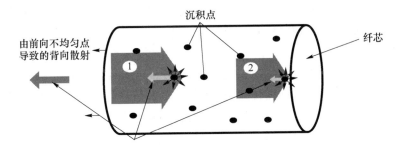

图 1.10　光纤中的背向散射

产生背向散射光的主要原因是瑞利散射。瑞利散射是由光纤折射率的不同引起的,散射会作用于整个光纤。瑞利散射将光信号向四面八方散射,其中沿光纤原链路返回 OTDR 的散射光称为背向散射光。

OTDR 正是利用其接收到的背向散射光强度的变化来衡量被测光纤上各事件损耗的大小;OTDR 不仅能对各事件点上的反射光信号进行测量,还能对光纤本身的反射光信号进行测量,因此可以在 OTDR 上观察到光纤沿线各点的曲线状况。

2) 菲涅尔反射

当光入射到折射率不同的两个媒质的分界面时,一部分光会被反射,这种现象称为菲涅尔反射,如图 1.11 所示。反射仅发生于光纤的端面。光信号通过光纤的端面时(类似于手电筒的光穿过玻璃窗),一部分光以与入射时相同的角度反射回来。反射回来的光强可达入射光强度的 4%。无论光信号是自光纤进入空气还是自空气进入光纤,反射光强度比例是相同的。

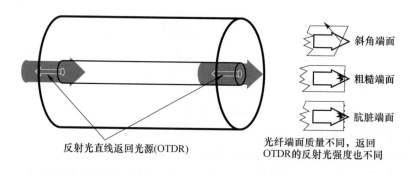

图 1.11　光纤中的菲涅尔反射

菲涅尔反射是指当光到达材质交界面时,一部分光被反射,一部分发生折射,当视线垂直于表面时,反射较弱,而当视线非垂直于表面时,夹角越小,反射越明显。所有物体都有菲涅尔反射,只是强度大小不同。

如果光在光纤中的传输路径为光纤—空气—光纤,由于光纤和空气的折射率不同,因此将产生菲涅尔反射。菲涅尔反射通常发生在光纤活接头以及光纤端面处,如果光纤因为制造缺陷产生裂纹,则裂纹处因为空气的存在也会出现菲涅尔反射。

(3) 测试原理

光时域反射仪将窄的光脉冲注入光纤端面作为探测信号。在光脉冲沿着光纤传播时,各处瑞利散射的背向散射部分将不断返回光纤入射端,当光信号遇到裂纹时,就会产生菲涅尔反射,其背向反射光也会返回光纤入射端。

通过合适的光耦合和高速响应的光电检测器检测到输入端的背向光的大小和到达时间,就能定量地测量出光纤的传输特性、长度及故障点等。

1) 距离测量原理

OTDR 测试是通过发射光脉冲到光纤内,然后在 OTDR 端口接收返回的信息来进行的,如图 1.12 所示。当光脉冲在光纤内传输时,确定从发射信号到返回信号所用的时间,再确定光在玻璃物质中的速度,就可以计算出距离。距离计算公式为 $d=ct/2n$,其中,c 是光在真空中的速度,t 是信号从发射到接收(双程)的总时间(两值相乘,除以 2 后就是单程的距离),因为光在玻璃中的速度要比在真空中的速度慢,所以为了精确地测量距离,被测的光纤必须要指明折射率 n,n 由光纤生产商来标明。

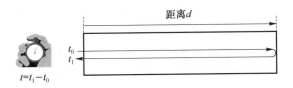

图 1.12　OTDR 距离测量原理

2）损耗测量原理

① OTDR 正常曲线的产生过程：OTDR 测试一条完整的光缆后形成的轨迹是一条向下的曲线，说明背向散射的功率不断减小，这是由于经过一段距离的传输后发射和背向散射的信号都有所损耗，在被测光纤的尾端由菲涅尔原理会形成相应的反射峰，如图 1.13 所示。

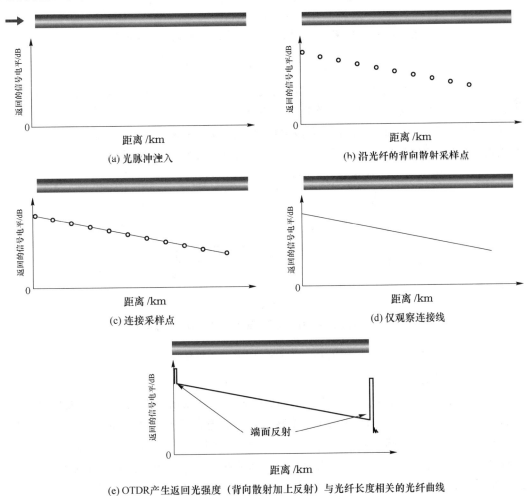

(a) 光脉冲注入

(b) 沿光纤的背向散射采样点

(c) 连接采样点

(d) 仅观察连接线

(e) OTDR 产生返回光强度（背向散射加上反射）与光纤长度相关的光纤曲线

图 1.13　OTDR 正常曲线的产生过程

正常曲线结论：

- 曲线主体斜率基本一致，且斜率较小，说明线路衰减常数较小，衰减的不均匀性较好；
- 曲线无明显"台阶"，说明线路接头质量较好；
- 曲线尾部反射峰较高，说明远端成端质量较好。

② OTDR 非反射事件的产生:光纤中的熔接头和微弯都会带来损耗,但不会引起反射,由于它们的反射较小,因此称之为非反射事件。

OTDR 测试结果曲线上,非反射事件以背向散射电平上附加一突然下降台阶的形式表现出来,如图 1.14 所示。因此在纵轴上的改变即该事件的损耗大小。

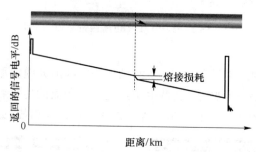

注:熔接损耗是一种由于信号电平在接头点突然下降而造成的点损耗。

图 1.14　OTDR 产生的非反射事件

③ OTDR 反射事件的产生:活动连接器、机械接头和光纤中的断裂点都会引起损耗和反射,通常把这种反射幅度较大的事件称作反射事件。

反射事件损耗的大小同样是由背向散射电平值的改变量决定的,反射值(通常以回波损耗的形式表示)是由背向散射曲线上反射峰的幅度决定的,如图 1.15 所示。

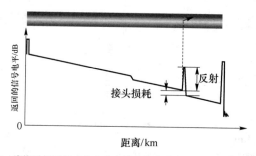

注:熔接时如果接点含有空气隙,就会产生具有反射的点损耗。

图 1.15　OTDR 产生的反射事件

(4) OTDR 的总结

OTDR 的工作原理类似于一个雷达。OTDR 先对光纤发出一个信号,然后观察从某一点返回的是什么信息。光纤本身的性质(连接器、熔接点、弯曲或其他类似的事件)会产生散射、反射等光学现象,其中一部分散射和反射会返回到 OTDR 中。返回的有用信息由 OTDR 的探测器来测量,它们作为光纤内不同位置上的时间或曲线片段。上述过程会重复地进行,然后将这些结果进行平均并以轨迹的形式来显示,得到的轨迹就描绘了整段光纤内信号的强弱(或光纤的状态)。

2. 光缆路由探测器

光缆路由探测器可以满足用户的特殊需求,通过感应法或卡钳法发射放音,解决了困扰用户的找不到光缆源头而无法放音的难题,实际探测效果良好。同时,该仪表还具有光缆定位功能,适用于人井、隧道、管道等环境下的光缆定位。

光缆路由探测器可以提供三种方式(直连法、感应法或卡钳法)把信号加载到被测光缆上,输出信号的强度连续可调。当发射机输出端直接连接光缆加强芯或铠装层时,信号频率可以选择 512 Hz 或 29 kHz,再根据线路具体情况分别选择高阻或低阻输出;采用感应法或卡钳法放音时,信号应选择 29 kHz,低阻输出。其发射机具有低压提示,欠压自动断电功能。

发射机输出频率:512 Hz 或 29 kHz。输出功率:0～3 W,连续可调。电池类型:镍氢电池(充满后可连续工作 5～12 小时)。电池检测:智能适配不同的电源自动检测电压,具有低压提示、欠压保护(自动关机)功能。工作温度:－10～＋50 ℃。

接收机接收频率:512 Hz 或 29 kHz。路由探测误差:±2 cm。埋深探测误差:±5 cm。电池类型:六节 5 号碱性电池(可连续工作五个工作日)。探测埋深:最大 5～7 m。探测距离:直连法不小于 20 km;卡钳法不小于 3 km。环境噪声:小于 60 dB。工作温度:－10～＋50 ℃。

3. 光功率计

光功率计(Optical Power Meter)是指用于测量绝对光功率或通过一段光纤的光功率相对损耗的仪器。在光纤系统中,测量光功率是最基本的,光功率计类似于电子学中的万用表;在光纤测量中,光功率计是重负荷常用表。通过测量发射端机或光网络的绝对功率,一台光功率计就能够评价光端设备的性能。将光功率计与稳定光源组合使用,则能够测量连接损耗、检验连续性,并且能够帮助评估光纤链路的传输质量。

4. 光纤熔接机

(1) 熔接的基本原理

熔接机的熔接原理比较简单,首先熔接机要正确地找到光纤的纤芯并将它准确地对准,然后通过电极间的高压放电电弧将光纤熔化再推进熔接,如图 1.16 所示。

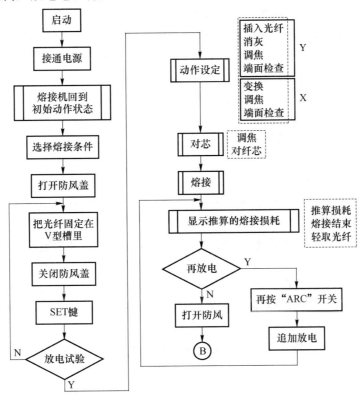

图 1.16　光纤熔接机自动熔接流程图

（2）熔接损耗估算原理

熔接损耗的估算是根据纤芯接头的错位、变形、端面切割角度、是否有气泡等因素计算出来的，而真正的损耗还是要通过光源、光功率计或 OTDR 等专用光表测量。

（3）操作熔接机时应注意的事项

- 禁止使用规定外电源或不稳定电源为熔接机供电；
- 禁止使用任何溶剂或液体清洁机器或切割刀内的橡胶压垫；
- 请使用与熔接机配套的相关配件；
- 请严格按照说明书进行相关操作；
- 如机器出现任何异常现象，请在第一时间联系维修中心。

说明：

- 纯酒精指的是纯度在 99% 以上的酒精；
- 切割好的光纤不能接触任何东西；
- 切割长度根据所配的夹具、切割刀和用户所需而定；
- 将光纤放入 V 型槽的时候，应尽量靠近电极；
- 熔接机的防风罩、压板等应该轻关轻闭。

（4）日常维护

1）检查

为确保机器的正常运行，每隔一定的时间需要进行一次全面的检查（进入菜单，选择"维护"下面的各项内容，按照屏幕指示进行操作）。

2）电极维护

在每次使用熔接机之前，请先检查电极有无污染、磨损或损坏的情况发生，要清除电极上面的灰尘或其他颗粒，在正常的使用情况下，电极可以反复地使用 1 000 次以上。

清洁时，关闭电源，松开结合器的螺丝，取出电极，不要让电极尖接触任何东西，按照说明书上的指示对电极进行清洁。

如果存在下列情形之一，则必须更换电极，否则可能引起故障：

① 电极弯曲；

② 电极的尖端已经被磨成圆形；

③ 在放电过程中出现异常的噪音或电弧。

3）清洁物镜和反光镜

物镜被污染和损坏可能会引起机器不能运作或损耗不正确，如果出现这种情况，首先要检查物镜和反光镜是否损坏，然后对其进行清洁。

清洁时，关闭电源，将电极取走，用蘸有纯酒精的优质棉签清洁物镜和反光镜表面，注意不要划伤镜面。

注意：反光镜属于耗材，在长时间使用以后，由于电弧的放电，在反光镜的表面可能会形成一层雾状物质，这种情况下需要更换反光镜。

4）清洁 V 型槽和光纤压脚

如果 V 型槽或光纤压脚上面有灰尘或污垢，则会使光纤在熔接过程中产生偏移，导致光纤的损耗增大或无法进行接续。

清洁时，关闭电源，置备一段光纤，使光纤保持 45°角，用切割好的一端沿 V 型槽的凹槽来回进行摩擦以使其光滑，用蘸有纯酒精的棉签清洁光纤压脚。

5）熔接机野外使用保养

一般来说野外工作环境较差,所以熔接机平时的保养维护对熔接效果、使用寿命至关重要。熔接机作为一种专用精密仪器,平时应注意尽量避免过分地震动,也要注意防水、防潮,可在机箱内放入干燥剂,并在不用时将其放在干燥通风处。

另外还要做到以下几点。

① 保持镜头、防风罩内反光镜的镜面清洁。如有污点,可用棉签顺着一个方向擦拭。

② 保持 V 型槽的清洁,可用酒精棒擦拭。

③ 保持压板、压脚的清洁,压上时要密封,可用酒精棒擦拭。

④ 注意防风罩的灵敏性。

⑤ 在做熔接准备工作以及放入光纤后,请不要打开防风罩,避免灰尘进入,不要随意更改机器内部参数,必要时请咨询技术人员。

1.1.4　光缆接续及障碍处理

＜主要考点＞

- 光缆开剥的方法、步骤(五级)
- 光缆接头盒安装和封装方法(五级)
- 制作终端盒光缆成端的方法(四级)
- 光缆障碍的处理方法(三级)
- 96 芯以下光缆的接续方法及分歧接续方法(三级)

＜主要内容＞

1. 光纤接续

光纤连接的基本要求包括以下几点。

① 连接的损耗小,满足线路传输性能的要求。

② 连接后性能的稳定程度高,长期可靠性好。

③ 费用低且便于操作。

影响光纤连接损耗的原因可归纳为以下两大类。

① 固有损耗。固有损耗是由被接光纤本身的模场直径偏差(单模光纤)、纤芯不圆度(多模光纤)、模场或纤芯与包层的同心度偏差或者被接的两根光纤特性上的差异引起的,这种损耗不能由改善接续工艺或接续方式予以减小。

② 接续损耗。接续损耗指接续方式、接续工艺和接续设备的不完善性造成的连接损耗。

光纤接续一般可分为固定接续(俗称死接头)和能拆卸的连接器接续(俗称活接头)。

（1）光纤固定接续

光纤固定接续是光缆线路施工与维护时最常用的接续方法,这种方法的特点是光纤连接后不能拆卸。光纤固定接续有两种方法,即熔接法和非熔接法,根据光纤的轴心对准方法,非熔接法又分为 V 型槽法、套管法、松动管法等。

目前光纤的固定接续大多采用熔接法,这种方法的优点是连接损耗低、安全可靠、受外界因素的影响小,其最大的缺点是需要价格昂贵的熔接机具。

1) 熔接法

将光纤轴心对准后,加热光纤的端面使其熔接的方法称为熔接法。光纤端面加热的方法有气体放电加热、二氧化碳激光器加热、电热丝加热等。石英光纤的熔点高达 1 800 ℃,熔化石英光纤需要非常大的热量,气体放电加热最适合石英光纤的熔接,目前光纤熔接机都采用这种加热方法。

气体放电熔接法具有操作方便、熔接机具体积小、熔接时间短、可控制温度分布和热量等优点,得到了广泛的应用。但由于光纤端面的不完整性和光纤端面压力的不均匀性,一次放电熔接光纤的接头损耗比较大,因此人们又发明了预热熔接法(即二次放电熔接法),这种工艺的特点是在光纤正式熔接之前,先对光纤端面预热放电,给端面整形、去除灰尘和杂物,同时通过预热使光纤端面压力均匀,这种工艺对提高光纤接续质量非常有利。

目前,进口和部分国产光纤熔接机都采用预热熔接法,预热时间、推进量、放电时间、熔接电流等参数都由微机控制,不同的熔接机有些参数很接近,有些参数差别较大,在实际操作中应根据接续的光纤和熔接设备,找出最佳熔接参数,为了降低接续损耗可通过试验找出最佳熔接参数。

2) 非熔接法

非熔接法可分为 V 型槽法、套管法、三心固定法、松动管法等。非熔接法中,使用最广泛的是 V 型槽法,这种方法只要用简单的夹具就可以实现低损耗连接。V 型槽法和套管法都需要用黏接剂把光纤固定(故称为黏接法),这种黏接剂充满光纤端面间隙,要求黏接剂的折射率和光纤的折射率相同,此外,由于黏接剂特性的变化直接影响传输特性,因此需采用不易老化的黏接剂。

(2) 光纤的连接器接续

光纤连接器是光通信传输、测量等工作中不可缺少的器件。连接器通常由一对插头及其配合机构构成,光纤在插头内部进行高精度定心,两边的插头经端面研磨等处理后精密配合,连接器中最重要的是定心技术和端面处理技术。连接器的定心方式分为调心型和非调心型。目前,连接器以非调心型为主,这种连接器操作简单,连接损耗在 0.3 dB 以下,而且重复性好,得到了广泛应用。

2. 光缆接续

光缆的接续一般是指光缆护套的接续。光缆护套的接续方法是以传统的金属电缆接续方法为基础,结合光纤的特殊性选择和设计的。光缆接续大体上与传统的电缆接续方式相似,首先剥除被接光缆端头部分的内外护层,使被接光缆的光纤、加强芯、金属导线以及金属护层分别对接,然后用接头护套〔又称接头盒(箱)〕对光缆接头部分进行整体保护和密封。

(1) 光缆接续的任务及要求

1) 任务

- 光缆接续准备,护套内组件安装;
- 加强件连接或引出;
- 铝箔层、铠装层连接或引出;
- 远供或业务通信用铜导线的接续;
- 光纤的连接及连接损耗的监控、测量、评价和余留光纤的收容;
- 充气导管、气压告警装置的安装(非充油光缆);
- 浸潮等监测线的安装;

- 接头护套内的密封防水处理;
- 接头护套的封装(包括封装前各项性能的检查);
- 接头处余留光缆的妥善盘留;
- 接头护套的安装及保护;
- 各种监测线的引上安装;
- 埋式光缆接头坑的挖掘及埋设;
- 接头标石的埋设安装。

2)要求

根据工程施工的行业标准,光缆接续应满足如下规定。

接续前应核对光缆的程式、端别,测量光缆的传输特性,检查护层对地绝缘电阻。防止错接或将不合格的光缆接续后再返工。

接头处开剖后,光纤应按序做出标记,并作记录。

接续操作一般应在车辆或接头帐篷内进行,防止灰尘和某些有害气体(如氟利昂)的污染。环境温度低于 0℃时,应采取合适的升温措施,以保证光纤的柔软性和焊接设备的正常工作。

光缆余量一般不少于 4 m,接头护套内光纤的最终余长应不少于 60 cm。

光缆接续工序应尽可能连续,如果由于条件限制无法完成接续,则应注意防潮和安全防护。

光纤连接后应测量接头损耗,合格后再封装保护管。

直埋式光缆的接头坑应位于路由 A-B 的右侧,若因地形限制不得不位于路由左侧,则应在路由施工图上标明。

架空光缆的接头一般安装在电杆旁,并应做伸缩弯。接头余留长度应盘放后固定在相邻杆上。

管道敷设光缆的接头箱应安装在人孔的较高位置,防止雨季时被人孔内的积水浸泡。

(2)光缆护套接续的种类及方法

光缆护套接续分为热接法和冷接法两大类。热接法采用热源来完成护套的密封连接,热接法中使用较为普遍的是热缩套管法;冷接法不需要用热源来完成护套的密封连接,冷接法中使用较为普遍的是机械连接法。在实际的光缆工程接续中一般采用冷接法,也就是利用光缆接头盒完成光缆的接续。

1)热缩套管法

热缩套管法是采用各种热缩材料来接续光缆护套的,按接续要求,可将热缩材料制作成管状或片状,片状热缩材料的边缘有可以装金属夹的导槽以便纵包接续。各种热缩材料的表面都涂有热胶,可保证加热时套管与光缆表面黏结良好。

热缩管分为 O 型热缩护套管和 W 型热缩包覆管。O 型护套管一般用于施工时光缆的接续,W 型包覆管是剖式热缩管,适用于光缆接头修理和光缆外护层修补。

2)冷接法

冷接法的种类比较多,应用比较广泛的是机械式护套接续法。机械式护套接续法是采用压紧橡胶圈来实现密封的护套接续方法,也可采用黏接剂在机械半壳接口处实现密封的护套接续。

(3)光缆接头盒

1)光缆接头盒的性能要求

与被接光缆的程式、敷设方式相适应,光缆程式繁多,接头护套的结构形式也呈多样性。

具有良好的密封性。一般要求在 20 年内能够有效地保持防水、防潮和防止有害气体浸入的性能。

有一定的机械强度。要求向光缆接头盒施加的压力达其强度的 70% 时,其中的光纤性能仍不受影响。

长期耐腐蚀性。目前接头盒的外壳都采用塑料制品,除保证耐磨蚀之外,材料耐老化及绝缘性能等都应满足 20 年寿命的要求。

可拆卸和重复使用。如果在施工和维护中,接头部位需检修时无须截断光缆,只需要将接头护套打开,检修后再封装,则可以利用护套内光纤的余留长度迅速修复故障,省时省料,可提高经济效益、保证通信畅通。

2) 光缆连接部分的组成

光缆连接部分即光缆接头,光缆接续护套将两根被连接的光缆连为一体,并满足传输特性和机械性能的要求。图 1.17 所示为光缆接头的组成示意图。

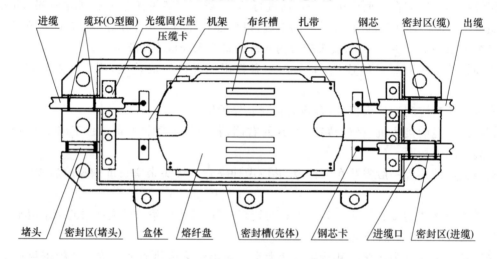

图 1.17　光缆接头的组成

光缆接头可以大体分为 3 个部分:外护套和密封部分,护套支撑部分,缆内连接部分。

① 外护套和密封部分(外壳)。外护套和密封部分是接头盒的最外层,主要承担密封功能。

② 护套支撑部分(支承件)。护套支撑部分是接头盒的骨架,包括支架、光缆固定夹和光纤收容板等,它们使接头盒有一定的机械强度,以抵御侧向应力对其中光纤的影响。

③ 缆内连接部分(连接件)。缆内连接部分服务于对接的一些辅助元件,如连接加强芯用的金属套管或连接夹板、连接接头两端光缆铝护层的过桥线等。

3. 光缆障碍识读与处理

常见问题是指在光纤测试过程中遇到的一些问题,在此将讨论 OTDR 测试中经常出现的问题和解决问题的方法,以及为达到某种测试目的而采取的一些辅助手段。测试中常见的问题有光纤类型不匹配、伪增益现象、幻峰(也称鬼影)现象等。

(1) 光纤类型不匹配

光纤类型不匹配是指 OTDR 的测试输出光纤与被测光纤的芯径不同,在连接器处出现光纤类型不匹配的现象。此时的光纤测试将出现纵轴(即光纤的损耗和衰减)测试不准确,但横轴测量准确。

产生光纤类型不匹配的原因是当光从芯径小的光纤入射到芯径较大的光纤时,大芯径光纤不能被入射光线完全充满,于是在损耗参数上引起了测试误差。

消除光纤类型不匹配的方法是正确选择仪表的输出光纤,使被测光纤与输出光纤相匹配,即用单模光纤的 OTDR 测单模光纤,用多模光纤的 OTDR 测多模光纤;或者根据被测光纤的类型和尺寸,选择仪表输出光纤的类型和尺寸,使之相互匹配,以缩小测试误差。

(2) 曲线有大"台阶"或斜率过大

① 曲线有大"台阶":图 1.18 所示曲线有明显"台阶",若此处是接头处,则说明此接头接续不合格或者该根光纤在熔纤盘中弯曲半径太小或受到挤压;若此处不是接头处,则说明此处光缆受到挤压或打急弯。

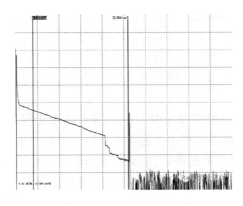

图 1.18　曲线有大"台阶"

② 曲线有一段斜率较大:如图 1.19 所示,曲线有一段斜率明显较大,说明此段光纤质量不好,衰耗较大。

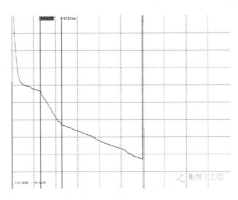

图 1.19　曲线有一段斜率较大

(3) 增益现象

增益现象一般易出现在光纤接头处,增益现象又称伪增益现象。伪增益现象及产生如图 1.20 所示。

1) 伪增益的定义

接头后光反射电平高于接头前光反射电平的现象称为伪增益现象。

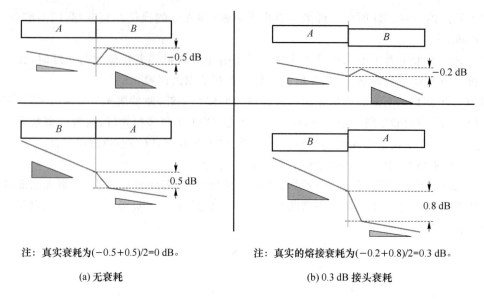

注：真实衰耗为$(-0.5+0.5)/2=0$ dB。

注：真实的熔接衰耗为$(-0.2+0.8)/2=0.3$ dB。

(a) 无衰耗

(b) 0.3 dB 接头衰耗

图 1.20　伪增益现象

2）伪增益产生的原因

OTDR 是通过比较接续点前后背向散射电平值来对接续损耗进行测试的，一般情况下，接续损耗会使接头后的背向散射电平小于接续点前的。当接续损耗非常小且接续点后光纤的背向散射系数较高时（对于同样的光强，反射系数大会引起较大的背向反射），接续点后的背向散射电平就可能大于接续点前的背向散射电平，而且抵消了接续点的损耗。最直接的原因是接续点后的光纤反射系数大于接续点前的光纤反射系数（A 段光纤的反射系数大于 B 段光纤的反射系数）。

3）伪增益的意义

出现伪增益说明接续点后的光纤比接续点前的光纤反射系数大，并且说明接续点的接续损耗小，接续效果好。

4）伪增益的测试

伪增益并不是真正的增益，在对光纤接续点插入损耗进行测试时，可采用双向测试的方法测量，求两次测试的平均值并作为该接续点的接续损耗。

（4）幻峰

1）幻峰的定义

幻峰是指在光纤末端之后出现的光反射峰，如图 1.21 所示。

2）形成的原因

幻峰主要是由光在光纤中多次反射而引起的。入射光信号到达光纤末端后，由于末端的反射，一部分反射光沿逆方向向入射端传输，到达入射端后，由于入射端面反射较大，又有部分光线再次进入光纤，第二次到达光纤末端而形成幻峰。

3）幻峰的判定

已知光纤长度，超出长度后形成的反射峰即幻峰。幻峰距离始端的距离恰好等于光纤尾端到始端距离的两倍。在短距离测量时容易出现幻峰。

4）消除幻峰的方法

减小包括始端、终端的反射。可将入射端、末端的端面处理干净、平整，使其符合测试要

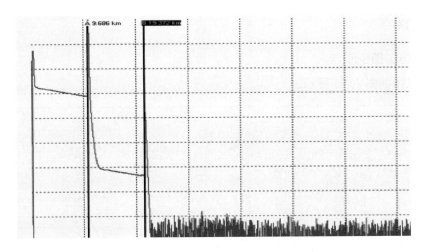

图 1.21　幻峰(鬼影)现象

求;把光纤末端放入光纤匹配液中;把光纤末端打一直径较小的结也可达到减小反射的作用。

（5）远端没有放射峰

1）远端断面不平整

这种情况一定要引起注意,曲线在末端没有任何反射峰就掉下去了,如图 1.22 所示。如果知道纤芯原来的距离,在没有到达纤芯原来的距离时,曲线就掉下去了,说明光纤在曲线掉下去的地方断了,或者是光纤远端端面质量不好。

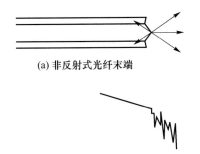

(a) 非反射式光纤末端

(b) 显示曲线无规则的光纤末端或小动态范围时

图 1.22　无反射峰

2）测试距离过长

在测试长距离的纤芯时,若该距离是 OTDR 所不能达到的距离或者 OTDR 距离、脉冲设置过小,则会出现远端没有放射峰的情况。如果出现这种情况,OTDR 的距离、脉冲又比较小的话,就要把距离、脉冲调大,以达到全段测试的目的,稍微加长测试时间也是一种办法。

1.1.5　光缆工程施工与验收

<主要考点>

- 光缆施工图知识(三级)
- 光缆工程的施工规范(三级)
- 光缆工程的验收规范(三级)

＜主要内容＞

1. 光缆施工图例识读

光缆施工图如图 1.23 所示。

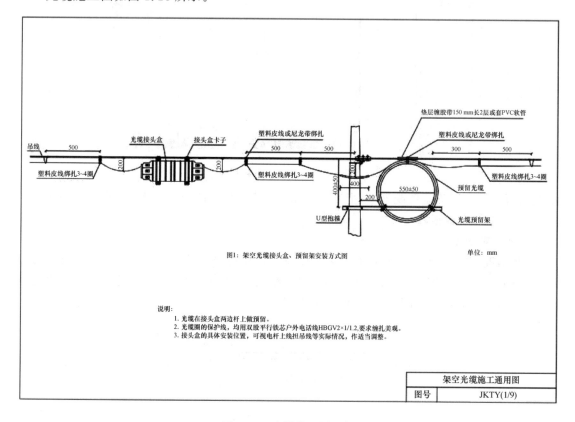

图 1.23　光缆施工图示例

2. 光缆工程施工流程及方法

（1）光缆工程的施工流程

施工准备—径路复测—挖沟、杆路施工、管道施工—光缆单盘检验、配盘—光缆敷设—光缆接续—光缆测试—竣工，如图 1.24 所示。

（2）光缆单盘检验

① 光缆到货后，将随盘的合格证及出厂测试资料进行收集并妥善保管。

② 所有光缆都要进行单盘检验测试，将单盘测试资料妥善保管。

③ 光缆开盘卸下的包装物，光缆检验测试的下脚料、废弃物，测试仪表使用过的废旧电池等要统一收集，集中处理，避免乱扔乱放。

（3）光缆沟开挖，管道修建

① 光缆沟或管道沟开挖前，要探明径路上的既有缆线及设施，对已探明存在既有缆线及设施的区段，严禁使用机械、尖镐及其他尖锐器械大力开挖，同时要请相关的产权单位派人到施工现场进行配合。

② 光缆径路穿越铁路或公路、通过桥隧河流等时，应按书面协议，并取得主管单位配合再

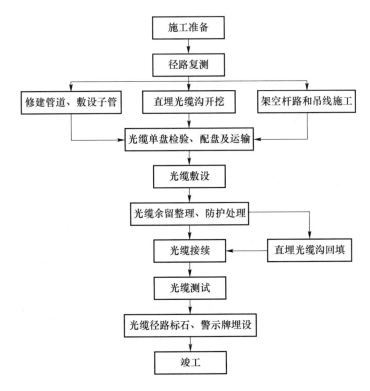

图 1.24　通信线路施工流程图

进行施工；在市区范围内开挖时必须取得城建部门批准的施工许可后再施工；在交通繁忙地段挖掘道路时，应取得交通部门同意，并按交通部门的要求施工；在铁路路肩或路基范围内开挖沟时，应事先与工务部门联系，签订安全配合协议后施工。

③ 在铁路沿线进行光缆施工时，应采取措施保证施工人员的安全及铁路设施的安全，防止挖沟损坏铁路路基及信号设备；应预先考虑堆土场地，防止堆土危及行车安全；要利用彩条布等采取必要的防护措施，防止挖沟出土污染道床及石渣。

④ 在铁路站台开挖光缆沟或修建站台槽道时，要采取围挡措施，保证旅客上下车的安全。

⑤ 在有行人及车辆通过的地方施工时，要在人孔、沟坑边沿、顶管基坑边沿等危险位置，设置明显的安全警示标志，安全警示标志必须符合国家标准，以保证路过的行人及车辆的安全。

⑥ 在市区范围内进行光缆管道施工时，要在指定的地点堆放材料；要及时清运挖出的管道沟土，并采取措施防止尘土飞扬、洒落等。挖沟时尽量减少对草坪、地面等周围设施的破坏，施工完成后要将破坏的部分进行修复。每天收工后要把施工现场清扫干净。

⑦ 修建光缆管道和人孔时排出的积水，应引至下水道、排水沟或其他不影响交通和不污染环境的地方，不能随意排放。

⑧ 开挖水泥地面使用切割机工作时应接水源进行防尘；抽水机、发电机、切割机等要定期保养，以降低噪声和废气排放量。

⑨ 光缆径路经过草原、自然保护区、风景名胜区、自然遗址、城市、乡村等区域时，应制定相应的保护措施，减少施工污染，保护好生态环境。

⑩ 光缆或管道沟开挖过程中如发现文物、古迹、爆炸物等，应当停止施工，对现场进行保

护,及时报告给有关部门,按规定处理后再继续施工。

（4）光缆敷设

① 光缆运输过程中不能将缆盘平放,装卸作业时应使用叉车或吊车,运输过程中不能损坏缆盘及光缆;滚动缆盘时应按箭头方向滚动。

② 人工敷设光缆时,抬放过程中严禁对光缆进行压、折、摔、拖、扭曲;敷设过程中根据盘长安排数名指挥人员,负责指挥协调工作以及光缆的余留盘放、压头等工作,敷设人数根据盘长确定。

③ 气吹敷缆时,吹缆机操作人员必须按章操作,以确保人员、设备、光缆的安全;在管道的对端必须设专人进行防护,管道两端人员要保持通信联络畅通,防止吹缆过程中气吹头、试通棒等物吹出伤人。

④ 光电缆吊挂施工,进行立杆作业及高空、高处作业时,施工现场周围应设置安全区域,并有专人防护。敷设承力索及光电缆时,不能影响交通,要安全有序地进行。

⑤ 不论采用哪种敷设方式,都应确保光缆敷设完成后外护套不破损。

（5）光缆接续

① 光缆的接续工作不应在雨天、大雾天或其他不适宜接续的恶劣天气条件下进行。

② 在铁路线路附近进行光缆接续时,应将接续帐篷或接续伞搭扎牢固,避免列车通过时危及人员及行车安全。

③ 光缆接续使用热可缩制品时,应采取通风措施。

④ 进行新旧光缆割接作业时,应编制割接方案,经运营单位审核通过并采取必要的安全措施后再进行施工。

⑤ 在人孔、无人站进行光缆接续时,进入之前应先进行开门（开盖）通风,未经通风不得入内。施工中有异常感觉应立即撤离。进入后,外面应设安全标志或派专人防护。

⑥ 所有光缆接续都应进行接续测试,测试合格后再对接头进行封装。

⑦ 光缆接续的下脚料、废弃物,测试仪表使用过的废旧电池应统一收集,带回驻地集中进行处理。

（6）光缆沟回填

① 光缆沟及管道沟要及时进行回填,回填时应先填细土,分层夯实。管道沟的回填要从管道对应的两侧同时进行,以免管道受到侧压变形移位。

② 在铁路路肩,站场股道间和穿越铁路、公路等处开挖的光缆沟,应及时回填、夯实、整平,做到不敞开沟过夜。

③ 光缆沟回填后要及时埋设标石和警示牌,以防其他专业施工造成损坏;径路标石、警示牌刷漆等所用剩余油漆统一回收,不得随意丢弃。

3. 光缆工程验收内容

（1）光缆及器材检验

光缆及器材检验主要分为光缆单盘检验和其他器材的检验。

（2）杆路工程检验

杆路工程检验主要包含立杆、接杆、杆根装置、拉线、避雷线和地线、号杆、架空吊线的检验。

（3）光缆敷设的检验

光缆敷设的检验主要包含管道光缆的敷设、架空光缆的敷设、墙壁光缆的敷设以及光缆的接续和成端的检验。

（4）工程竣工验收资料

1）工程验收阶段

工程验收一般分为 4 个阶段，即随工检查、初验、试运行和终验。

① 随工检查主要是对光缆、子管的布放、立杆及隐蔽部分进行施工现场检查。

② 光缆线路工程应在施工完毕并经工程监理单位预检合格后进行初验。

③ 工程初验后投入运行，试运行期为 3 个月。

④ 试运行完毕后进行终验。

2）随工检查

① 光缆工程均应采取监理制。隐蔽工程项目应由监理、施工双方签署《隐蔽工程验收签证》。

② 随工检查的质量监督人员应对检查项目进行签收，对出现的问题做好记录，重大问题应及时上报，由主管部门处理。

3）初验

① 光缆线路工程应在施工完毕并经工程监理单位预检合格后进行初验。建设单位在收到监理单位"工程初验申请报告"后一周内组织召开工程初验会议。

② 光缆线路工程的安装工艺、传输特性应按有关规定进行检查和抽测。

③ 工程初验中发现的不符合规范和设计要求的项目应查明原因，分清责任，由责任方限期妥善处理。

4）竣工验收资料

① 工程验收前施工单位应向建设单位提交竣工技术文件一式三份。

② 提交的竣工技术文件应包括：

a. 工程竣工图纸；

b. 建筑安装工程量总表；

c. 工程说明；

d. 开工报告；

e. 停（复）工通知；

f. 交工通知；

g. 已安装线路明细表；

h. 工程变更单；

i. 随工质量检查记录；

j. 重大工程质量事故报告；

k. 交接书；

l. 验收证书（空白）；

m. 测试记录；

n. 洽商记录；

o. 备考表。

③ 竣工技术文件的要求包括以下几点。

• 内容齐全：应符合部颁施工验收办法和要求，文件资料齐全。

• 准确：竣工图纸、测试记录应与实际相符、数据准确。

- 清楚：资料的誊写应清楚。

5）试运行

① 由建设单位委托维护方或其他相关部门负责进行试运行。

② 试运行期应开通部分业务，检验其性能。

③ 对初验中遗留的问题进行整改。

6）终验

① 在工程试运行结束后，由建设单位、监理、施工单位和接收单位对工程进行终验。

② 光缆线路工程验收时，应由各业主组织竣工验收检查测试组对工程进行全面检查。

③ 工程验收应对工程质量及档案、投资决算等进行综合评价，并对工程的设计、施工质量给出书面评价。竣工验收通过后发出验收证书。

1.2 光 缆 测 试

1.2.1 尾纤连接器和光缆的识别

＜主要考点＞

- 能识别尾纤连接器（五级）
- 能根据光缆型号识别光缆的模式、程式、结构类型（五级）
- 能通过光缆出厂检验单查看光缆端别、长度和光纤折射率、光纤色谱、光纤性能指标（五级）

＜主要内容＞

1. 尾纤连接器的识别

常见的尾纤连接器的类型如表 1.3 所示。

表 1.3　尾纤连接器的类型

图例	型号
	SC/PC
	SC/APC

图例	型号
 	FC/PC
 	FC/APC
 	LC/PC
 	LC/APC
 	MU/PC
 	MU/APC
 	ST/PC

续 表

图例	型号
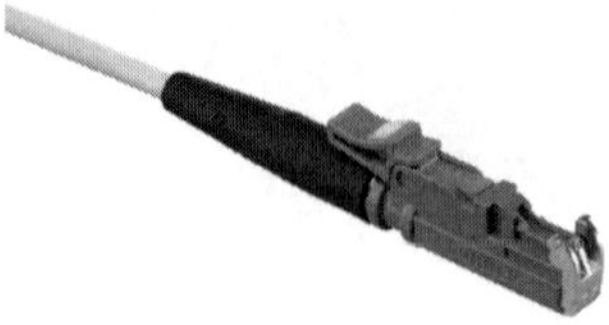 	E2000/PC
 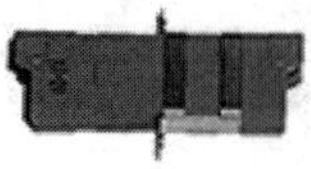	E2000/APC
 	F3000/PC
 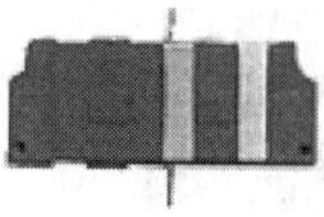	F3000/APC

LC/PC 连接器组装结构

组装前：

组装后：

2. 光缆的识别

示例一：光缆型号为 GYTA53-12A1，试识别光缆的型号。

• 室外用通信光缆(GY)；

• 填充式(T)；

• 铝-塑黏接护层(A)；

- 皱纹钢带铠装(5),聚乙烯外护套(3);
- 内装 12 根(12);
- 渐变型多模光纤(A1);
- 松套层绞结构(无符号);
- 金属加强件(无符号)。

示例二:试识别型号为 GYTA53-30A1d 的光缆。

室外;金属加强件;油膏填充结构;铝带纵包;钢带铠装,聚乙烯外护套;30 芯多模光纤。

示例三:试识别型号为 GYTA53-96B4 的光缆。

室外;金属加强件;石油膏填充;铝聚乙烯黏接护层;单钢带皱纹纵包铠装,聚乙烯外护套;96 根 G.655 光纤。

1.2.2　对地绝缘特性测试

＜主要考点＞

- 能测试光缆金属护套、金属加强芯的对地绝缘特性(五级)

＜主要内容＞

光缆护层的绝缘检查,是指通过对光缆金属护层〔如铝纵包层(LAP)〕和钢带或钢丝铠装层的对地绝缘的测量来检查光缆外护层是否完好。

(1)护层对地绝缘测量

护层对地绝缘测量包括绝缘电阻的测量和绝缘强度的测量,金属护层对地绝缘电阻的测量如图 1.25 所示。

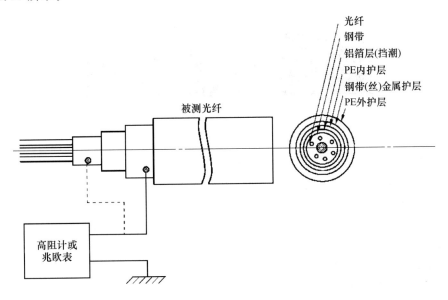

图 1.25　金属护层对地绝缘电阻测试示意图

(2)护层对地绝缘的一般要求

① 指标要求。

② 护层对地绝缘测量的意义。

③ 光缆金属护层对地绝缘对光缆使用的意义。

④ 单盘检验测量护层绝缘的可能性。

1.2.3 红光笔和光功率计的使用

<主要考点>

- 能用可见光源查找、核对光纤顺序(四级)
- 能用光功率计测试光缆的光功率、光传输方向、光纤损耗(四级)

<主要内容>

1. 红光笔的使用

红光笔又叫作通光笔、笔式红光源、可见光检测笔、光纤故障检测器、光纤故障定位仪等,多数用于检测光纤断点,按其最短检测距离划分为 5 km、10 km、15 km、20 km、25 km、30 km、35 km、40 km 等。红光笔的组成和应用分别如图 1.26 和图 1.27 所示。

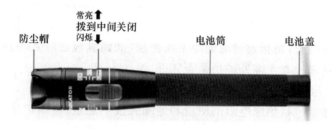

图 1.26 红光笔的组成

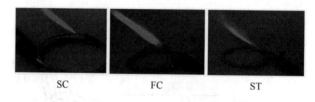

| SC | FC | ST |

图 1.27 红光笔的应用

2. 光功率计的使用

光功率计是指用于测量绝对光功率或通过一段光纤的光功率相对损耗的仪器,如图 1.28 所示。在光纤系统中,测量光功率是最基本的,光功率计非常像电子学中的万用表;在光纤测量中,光功率计是重负荷常用表。通过测量发射端机或光网络的绝对功率,一台光功率计就能够评价光端设备的性能。将光功率计与稳定光源组合使用,则能够测量连接损耗、检验连续性,并且能够帮助评估光纤链路传输质量。

示例:使用光功率计测量光纤活动连接器的损耗。

光纤活动连接器插入损耗是指光纤中的光信号通过活动连接器之后,其输出光功率相对输入光功率的分贝数,计算公式为 $R_L = 10\lg\dfrac{P_0}{P_1}$。活动连接器插入损耗的测量原理如图 1.29 所示,测量步骤如下所述。

图 1.28　常见的光功率计

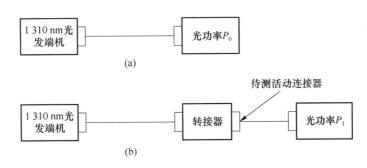

图 1.29　活动连接器插入损耗的测量原理图

（1）活动连接器的插入损耗测量（以 mW 为单位测量光功率）

① 按图 1.29（a）将 1 550 nm/ 1310 nm 光输出端、FC-FC 光跳线、光功率计连接好。

② 测得此时的光功率为 P_0。

③ 按图 1.29（b）用法兰盘将待测活动连接器（FC-FC 光纤跳线）串入其中，测得此时的光功率为 P_1。

④ 将 P_0、P_1 代入公式计算活动连接器插入损耗。

（2）活动连接器的插入损耗测量（以 dBm 为单位测量光功率）

① 测量接入活动连接器前的光功率。

② 测量接入活动连接器后的光功率。

③ 计算活动连接器损耗。

1.2.4　OTDR 的使用及光缆故障排查

＜主要考点＞

• 能用光时域反射仪测试光缆长度、损耗（总损耗、平均损耗），光纤接头损耗（四级）

• 能设置光时域反射仪测试参数（三级）

• 能对测试曲线进行存储和读取，计算光纤接头平均损耗（三级）

- 能进行光缆单盘检验(三级)
- 能测试判断光缆链路障碍(三级)
- 能结合线路竣工资料查找障碍点(三级)

<主要内容>

1. OTDR 的基本应用

任何厂商、任何型号的 OTDR 的使用都是相通的。

(1) 打开电源

(2) 进行自动测试

得出待被测光缆或光纤的大概状态。

(3) 进入人工测试

用 OTDR 进行光纤测量可分为三步:参数设置、数据获取和曲线分析。人工设置测量参数包括以下几点。

1) 波长选择

因不同的波长对应不同的光纤特性(包括衰减、微弯等),测试波长一般遵循与系统传输通信波长相对应的原则,即系统开放 1 550 nm 波长,则测试波长为 1 550 nm(不知通信波长时,1 310 nm、1 550 nm 分别测量)。

2) 脉宽

脉宽越长,动态测量范围越大,测量距离越长,但在 OTDR 曲线波形中产生的盲区会更大;短脉冲注入光平低,但可减小盲区。脉宽周期通常以 ns 来表示(选择时,参看自动测试的脉宽,从大到小多次测量)。

3) 测量范围

OTDR 测量范围是指 OTDR 获取数据取样的最大距离,此参数的选择决定了取样分辨率的大小。最佳测量范围为待测光纤长度的 1.5~2 倍之间(待测光纤长度参看自动测试结果)。

4) 平均时间

由于后向散射光信号极其微弱,一般采用统计平均的方法来提高信噪比,平均时间越长,信噪比越高。例如,3 min 的获取值将比 1 min 的获取值提高 0.8 dB 的动态。但大于 3 min 的获取值的信噪比的改善并不大。一般平均时间不超过 3 min。

5) 光纤参数

光纤参数的设置包括折射率 n 和后向散射系数 η 的设置。折射率参数与距离测量有关,后向散射系数则影响反射与回波损耗的测量结果,这两个参数通常由光纤生产厂家给出。

参数设置好后,OTDR 即可发送光脉冲并接收由光纤链路散射和反射回来的光,对光电探测器的输出取样,得到 OTDR 曲线,对曲线进行分析即可了解光纤质量。

示例:使用 OTDR 测试光缆性能,如图 1.30 所示。

测试链路上事件位置,链路的结束或断裂处位置的测量。

测试链路中的光纤衰减系数的测量。

测试单个事件的损耗(如一个接头)或链路上端到端合计损耗的测量。

测试至少一个事件累计损耗的测量。

测试链路长度的测量。

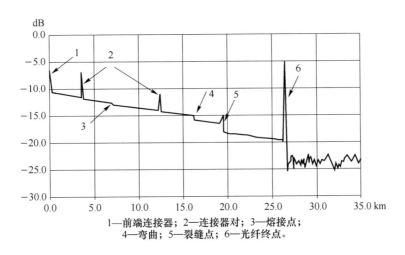

1—前端连接器；2—连接器对；3—熔接点；
4—弯曲；5—裂缝点；6—光纤终点。

图 1.30　OTDR 的测试

2. 测试误差的主要因素

（1）OTDR 测试仪表存在的固有偏差

由 OTDR 的测试原理可知，OTDR 按一定的周期向被测光纤发送光脉冲，再按一定的速率将来自光纤的背向散射信号抽样、量化、编码后，存储并显示出来。OTDR 仪表本身由于抽样间隔而存在误差，这种固有偏差主要反映在距离分辨率上，OTDR 的距离分辨率正比于抽样频率。

（2）测试仪表操作不当产生的误差

在光缆故障定位测试时，OTDR 仪表使用的正确性与障碍测试的准确性直接相关，仪表参数设定和准确性、仪表量程的选择不当或光标设置不准等都将导致测试结果的误差。

1）设定仪表的折射率偏差产生的误差

不同类型和厂家的光纤的折射率是不同的，使用 OTDR 测试光纤长度时，必须先进行仪表参数设定，折射率的设定就是其中之一。当几段光缆的折射率不同时可采用分段设置的方法，以减少因折射率设置误差而造成的测试误差。

2）量程选择不当

OTDR 仪表测试距离分辨率为 1 米时，它是指图形放大到水平刻度为 25 米/格时才能实现。仪表设计是以光标每移动 25 步为 1 满格，在这种情况下，光标每移动一步，即表示移动 1 米的距离，所以读出分辨率为 1 米。如果水平刻度选择 2 千米/格，则光标每移动一步，距离就会偏移 80 米。由此可见，测试时选择的量程越大，测试结果的偏差就越大。

3）脉冲宽度选择不当

在脉冲幅度相同的条件下，脉冲宽度越大，脉冲能量就越大，此时 OTDR 的动态范围也越大，相应盲区也就越大。

4）平均化处理时间选择不当

OTDR 测试曲线是将每次输出脉冲后的反射信号采样，并把多次采样做平均处理以消除一些随机事件，平均化时间越长，噪声电平越接近最小值，动态范围就越大。平均化时间越长，测试精度越高，但达到一定程度时精度不再提高。为了提高测试速度，缩短整体测试时间，一般测试时间可在 0.5～3 min 内选择。

5）光标位置放置不当

光纤活动连接器、机械接头和光纤中的断裂都会引起损耗和反射,光纤末端的破裂端面由于末端端面的不规则性会产生各种菲涅尔反射峰或者不产生菲涅尔反射。如果光标设置不够准确,也会产生一定误差。

3. OTDR 的排障技巧

（1）光纤质量的简单判别

正常情况下,OTDR 测试的光纤曲线主体（单盘或几盘光缆）斜率基本一致,若某一段斜率较大,则表明此段衰减较大;若曲线主体为不规则形状,斜率起伏较大,弯曲或呈弧状,则表明光纤质量严重劣化,不符合通信要求。

（2）波长的选择和单双向测试

波长为 1 550 nm 测试距离更远,1 550 nm 光纤比 1 310 nm 光纤对弯曲更敏感,1 550 nm 光纤比 1 310 nm 光纤单位长度衰减更小、1 310 nm 光纤比 1 550 nm 光纤测得的熔接或连接器损耗更高。在实际的光缆维护工作中一般对两种波长进行测试、比较。对于正增益现象和超过距离线路均须进行双向测试分析计算,才能获得良好的测试结论。

（3）接头清洁

光纤活接头接入 OTDR 前,必须认真清洗,包括 OTDR 的输出接头和被测活接头,否则会导致插入损耗太大、测量不可靠、曲线多噪音甚至测量不能进行,还可能损坏 OTDR。避免用酒精以外的其他清洗剂或折射率匹配液,因为它们可使光纤连接器内黏合剂溶解。

（4）折射率与散射系数的校正

就光纤长度测量而言,折射系数每 0.01 的偏差会引起 7 m/km 之多的误差,对于较长的光纤段,应采用光缆制造商提供折射率值。

（5）鬼影的识别与处理

在 OTDR 曲线上的尖峰有时是由离入射端较近且强的反射引起的回音,这种尖峰被称作鬼影。识别鬼影:曲线上鬼影处未引起明显损耗;沿曲线鬼影与始端的距离是强反射事件与始端距离的倍数,成对称状。消除鬼影:选择短脉冲宽度、在强反射前端（如 OTDR 输出端）增加衰减。若引起鬼影的事件位于光纤终结,可"打小弯"以衰减反射回始端的光。

（6）正增益现象处理

在 OTDR 曲线上可能会产生正增益现象。正增益是由于在熔接点之后的光纤比在熔接点之前的光纤产生更多的后向散光而形成的。事实上,这一光纤熔接事件点常出现在不同模场直径或不同后向散射系数的光纤的熔接过程中,因此,需要在两个方向测量并对结果取平均作为该熔接损耗。在实际的光缆维护中,也可采用小于等于 0.08 dB 即为合格的简单原则。

（7）附加光纤的使用

附加光纤是一段用于连接 OTDR 与待测光纤、长 300～2 000 m 的光纤,其主要作用为前端盲区处理和终端连接器插入测量。

一般来说,OTDR 与待测光纤间的连接器引起的盲区最大。在光纤实际测量中,在 OTDR 与待测光纤间加接一段过渡光纤,使前端盲区落在过渡光纤内,而待测光纤始端落在 OTDR 曲线的线性稳定区。光纤系统始端连接器插入损耗可通过 OTDR 加一段过渡光纤来测量。若要测量首、尾两端连接器的插入损耗,可在每端都加一段过渡光纤。

1.3　光　缆　接　续

1.3.1　熔接机的使用

<主要考点>

- 能进行光纤熔接前的放电实验(四级)
- 能调整切割刀的切割点(四级)
- 能接续 48 芯及以下光缆(四级)

<主要内容>

1. 了解熔接机的部件名称

熔接机的部件包括:键盘、防风罩、加热器、光纤夹具、电极、V 型槽、物镜镜头、反光镜、小压头。熔接机和切割刀如图 1.31 所示。

图 1.31　藤仓 60s 熔接机和切割刀

2. 光纤与光纤熔接的步骤

① 开启光纤熔接机。

② 确认热缩套管合格后,将其穿入光纤中。

③ 用米勒钳剥除光纤涂覆层,长度为 4 cm 左右。

④用酒精棉清洁裸纤表面。

⑤ 将光纤放入切割刀的导向槽,裸纤和一次涂覆光纤分界处,放在 16～20 mm 之间。快速地对光纤进行切割。

⑥ 将切割好的光纤放入熔接机的夹具内,光纤端面放在电极和 V 型槽之间。

⑦ 盖上防风罩,自动熔接。

⑧ 对光纤进行张力测试。

⑨ 打开防风罩,取出光纤,将热缩套管移动至熔接点,并包住裸纤。

⑩ 将热缩管放入加热器,自动加热等待提示音。

⑪ 取出加热好的光纤,放入冷却托盘(无冷却托盘时,等待热缩管冷却后再取出)。

3. 熔接质量评估

熔接质量的好坏是通过熔接处外形良否计算得来的,推定的熔接损耗只能作为熔接质量好坏的参考值,而不能作为熔接点的正式损耗值,正式损耗值必须通过 OTDR 测试得出,但也可通过熔接点的外形和推定损耗大致判断熔接质量的好坏。具体质量评估、形成原因和处理方法如表 1.4 和表 1.5 所示。

表 1.4　熔接质量不好的情况

屏幕显示图形	形成原因及处理方法
	由端面尘埃、结露、切断角不良以及放电时间过短引起。熔接损耗很高,需要重新熔接
	由端面不良或放电电流过大引起,需重新熔接
	熔接参数设置不当,引起光纤间隙过大,需要重新熔接
	端面污染或接续操作不良。选按"ARC"追加放电后,如黑影消失,推算损耗值又较小,仍可认为合格,否则,需要重新熔接

表 1.5　熔接质量正常的情况

屏幕显示图形	形成原因及处理方法
白线	光学现象,对连接特性没有影响
模糊细线	光学现象,对连接特性没有影响
包层错位	两根光纤的偏心率不同。推算损耗较小,说明光纤仍已对准,属质量良好
包层不齐	两根光纤外径不同。若推算损耗值合格,可看作质量合格
污点或伤痕	应注意光纤的清洁和切断操作,不影响传光

4. 熔接过程中的异常情况及处理

在熔接操作过程中,由于熔接机或操作原因,可能会出现一些操作异常现象,此时熔接机自动停止。在遇到异常现象发生时,请先按下"RESET"键,再根据异常情况做出正确判断,找出正确的处理问题的方法,按操作规程排除异常情况,恢复熔接操作。常见的异常现象及其产生的原因和处理方法如表 1.6 所示。

表 1.6　熔接过程中的异常情况及处理

屏幕显示异常现象	可能的原因	处理方法
ZLF ZRF 极限	光纤相距太远,不在 V 型槽中	重新放置光纤,重新调好压钳杆,检查切断长度是否太短
端面不良	端面不好;有灰	重新处理端面,清扫反光镜
MSX,Y(F,R)极限		复位,重新固定光纤,关断电源重新开机,检查驱动时间
画面太暗、发黑	光纤挡住照明灯	重新固定光纤,检查光纤长度
无故障暂停		复位、断电重新启动
外观不良		重新接续,调整光纤推进量

1.3.2　光缆的接续与成端

＜主要考点＞

- 能开剥光缆、束管和去除光纤涂敷层(五级)
- 能安装光缆接头盒,并在接续完毕后进行封装(五级)
- 能按顺序排列光缆束管,并根据束管顺序判断光缆的端别(五级)
- 能对直埋、架空、管道光缆余长进行盘留、绑扎(五级)
- 能接续 48 芯及以下的终端盒光缆成端(四级)
- 能接续 96 芯及以下的终端盒、ODF 光缆成端(三级)
- 能接续 96 芯及以下的光缆接头(含带状光缆)(三级)

＜主要内容＞

1. 分离式光缆接续

示例:24 芯接头盒光缆接续。

(1) 接续准备

① 检查场地。

② 准备光缆熔接器具(接续用工作台及凳子各一个)。2 进 2 出 24 芯接头盒一个、GYTA-12B1.3 光缆(由主办方提供);熔接机一台(藤仓 80 及以上),接续工具一套(包含钢丝钳、米勒钳、老虎钳、斜口钳、光缆环切刀、束管环切刀、卷尺、剪刀、美工刀,镊子、各类螺丝刀、酒精泵等),切割刀一把,脱脂棉,无水酒精,卷纸等。接续中常用的工具如表 1.7 所示。

表 1.7　接续中常用的工具

工具	图例
横向开缆刀	

41

工具	图例
蛇头钳	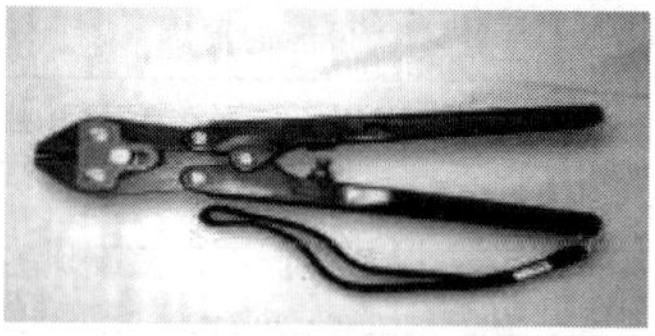
束管钳	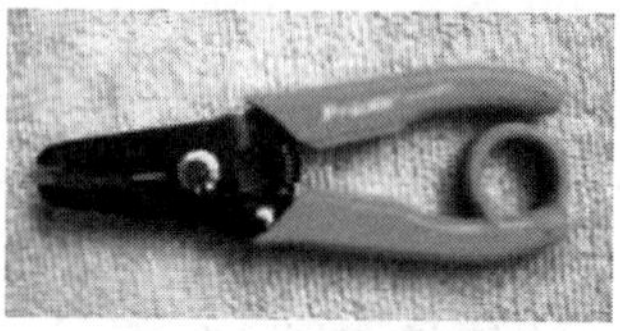
光纤剥皮钳	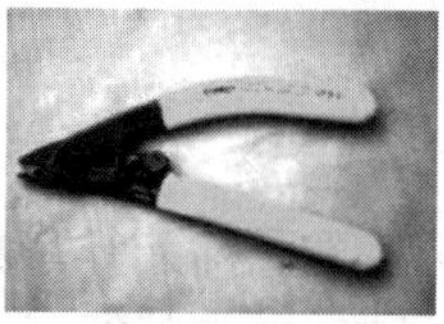
酒精泵	
工具箱	

③ 统一工作制服、手套。

④ 接续人员前方平稳放置接续用工作台,把工具、材料放到适当的位置。

⑤ 将光缆接头盒放置在工作台面,拧开固定螺丝,打开光缆接头盒。

⑥ 将配件放置在接头盒上盖内合适的位置。打开收容盘盖板,将盖板放置在接头盒下盖内,与上盖并排放置。拧松收容支架加强芯螺丝、固定光缆夹板螺丝。

(2) 光缆开剥、清洁

① 先将两个堵头隔片穿入光缆。

② 用环切刀在光缆 120 cm 处进行开剥,剥离光缆外护层(可有人辅助)。

③ 用剪刀剪去束管根部绑线,去除绑线,用斜口钳剪去填充束管,被剪填充束管端面平整,预留加强芯 8 cm(回弯 1.5～2 cm),用卷纸擦拭光纤加强芯和束管 3～4 次。

光缆的开剥和隔片堵头的制作如图 1.32 所示。

(a) 光缆的开剥

(b) 隔片堵头的制作

图 1.32　光缆的开剥和隔片堵头的制作

光缆开剥、清洁注意事项：

- 光缆开剥时，光缆切割刀要垂直于光缆，刀口不得歪斜，不得切成螺旋形。
- 光缆切割刀切割时，注意切割深度，严禁伤及束管和光纤。
- 清洗束管时，应保持束管平直，用力均衡，不得弯折束管。

（3）固定光缆

光缆在收容盘中的固定如图 1.33 所示。

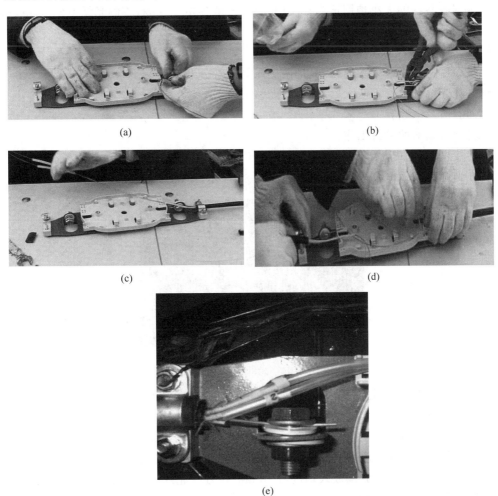
图 1.33　光缆在收容盘中的固定

① 将要固定在收容支架光缆夹内的光缆打毛并缠绕防水胶带。

② 接续人员将束管穿过收容支架光缆夹,将加强芯穿过固定金属柱,加强芯与束管不得相绞;光缆外护层距收容支架光缆夹 1 cm,拧紧收容螺丝。

③ 将光缆放置在工作台上,用光缆夹子固定,拧紧收容支架加强芯螺丝,在距金属柱 1.5～2 cm 处截断加强芯,打回钩。

④ 另一侧重复上述操作(以上操作应戴手套)。

⑤ 脱下手套,穿好束管扎带待用。

光缆固定注意事项:

光缆进入接头盒两端必须固定牢靠,特别是加强件一定要固定,以免光缆扭转使光纤接头位置错动,导致接头处损耗测量值偏大或发生断纤现象。

(4) 光纤开剥、清洁

① 接续人员在距束管扎带 2 cm 处(束管余留 6 cm干1 cm)环切束管(环切一周),切后上下弯曲折断束管,顺向抽出光纤,用酒精棉清洁 2～3 次。

② 扎带适度固定束管,用斜口钳剪断多余扎带。

③ 根据收容盘的大小预留适当长度的光纤(一般预留 2.5 圈,单侧光纤不少于 60 cm)。

④ 用酒精棉逐根清洁预留光纤。

光纤开剥、清洁注意事项:

• 按顺序检查光纤束管的排列,把两侧光纤束管分开理顺。

• 绑扎光纤的束管不应太紧,应稍微能移动。

(5) 光纤接续、收容

1) 光纤接续前的准备工作

① 熔接机、切割刀、米勒钳、热缩套管准备就绪(可用酒精清洁双手)。

② 在光纤的某一侧套入热缩套管,如图 1.34 所示。

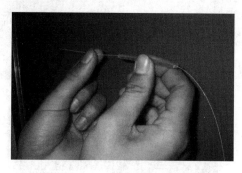

图 1.34　光纤穿热缩套管

③ 打开熔接机电源,将切割刀放在合适的位置。

2) 光纤开剥及端面制作

① 按照光纤色谱〔蓝、橙、绿、棕、灰、白(红、黑、黄、紫、粉红、天蓝)〕熔纤。

② 用米勒钳开剥涂覆层,距光纤大约 4 cm,用酒精棉清洁干净。

③ 将涂覆层与裸纤分界线放入切割刀 16 mm 位置。光纤的切割如图 1.35 所示。

光纤开剥及端面制作注意事项:

• 光纤开剥前涂覆层应用酒精清洁,操作时应按照平、稳、快的原则剥离涂覆层。

(a)   (b)

图 1.35 切割光纤

- 涂覆层未剥离干净时应重剥(比赛必须避免二次剥离)。
- 裸纤切割避免斜角、毛刺及裂痕等不良端面产生,保证切割质量,并防止端面污染。

3)光纤接续

① 将切割好的光纤放入熔接机的夹具内,将光纤端面放在电极和 V 型槽之间(放入一根后及时盖上防风盖,将同一色谱光纤放入另一端),如图 1.36(a)所示。

② 盖上防风罩,自动熔接,损耗值必须小于 0.08 dB,如图 1.36(b)所示。

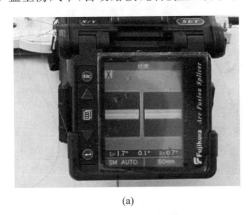 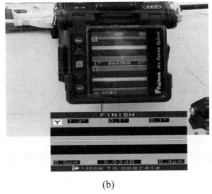

(a)   (b)

图 1.36 光纤接续

③ 对光纤进行张力测试。

④ 打开防风罩,取出光纤,将热缩套管移动至熔接点,并包住裸纤。

⑤ 将热缩管放入加热器,自动加热等待提示音,如图 1.37 所示。

图 1.37 热熔热缩套管

⑥ 取出加热好的光纤,放入冷却托盘(无冷却托盘时,等待热缩管冷却后再取出)。

光纤接续的注意事项：
- 端面制作完成后,应及时放入熔接机 V 型槽内,不得触及 V 型槽底和电极,防止损伤光纤端面。
- 若熔接损耗大于 0.08 dB,抗拉测试失败,则应该重新熔接。
- 热缩管热缩后,应检查:裸纤是否包裹完整、是否有气泡、裸纤是否弯曲、热缩管是否收缩,不合格则重新熔接。

4) 光纤收容

① 给光纤贴上标签。

② 热缩管依次卡入槽内,注意热缩管加强芯朝下纤芯朝上,避免卡槽时纤芯受损,光纤顺向收容使光纤自然放松半径大于 3 cm,如图 1.38 所示。

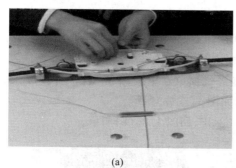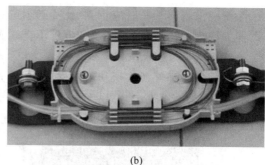

(a)　　　　　　　　　　　　　　　　(b)

图 1.38　光纤在收容盘中的收容

光纤收容的注意事项：
- 热缩管嵌入固定槽板相应的排列位置,排列整齐,固定牢靠。
- 将余纤沿光纤收容盘两端相对缓慢盘绕,弯曲半径大于 3 cm。
- 余纤盘绕后应固定可靠,防止出现跳纤现象,严禁在熔纤盘上使用胶带等固定光纤。

完成接续后,对红色束管光纤进行收容,盖上盖板。

(6) 密封接头盒

① 接续人员用酒精棉清洁接头盒 U 槽,沿下盒盖 U 槽放置密封条,在未放置光缆的光缆通过口放置加有密封带的堵头。

② 拧松工作台光缆夹,将收容支架放入下盒盖内,顺光缆堵头两侧在缆身上画线。

③ 拿起收容支架,用酒精棉清洁画线内光缆,用砂纸打毛缆身,在两片隔片间将密封带缠绕在缆身上,厚度加光缆半径大于接头盒光缆通过口半径。

④ 将收容支架放置在接头盒内。

⑤ 检查所有密封条、密封带已形成环状(将光纤接头损耗表放入盒内),盖接头盒上盖,穿上螺丝。

⑥ 拧上螺丝的顺序是按对角线逐个拧紧。

密封光缆接头盒的注意事项：
- 对光缆密封部分均应进行清洁和打磨,以提高光缆与防水密封胶带间的密封性。
- 注意打磨砂纸不宜太粗,应沿与光缆垂直的方向旋转打磨,不宜沿与光缆平行的方向打磨。

(7) 清理施工场地

完成光缆的接续与成端后应清理施工场地。

2．带状式光缆接续

示例:96 芯带状光缆接续。

96 芯带状光缆接续过程如表 1.8 所示。

表 1.8　96 芯带状光缆接续过程

操作	具体描述	图例
光缆接头盒安装	用手锯切开底座相应的进出口管孔(视熔接光缆的条数而定)	
光缆接头盒拆卸	拆除对应进孔管的十字螺丝和六角螺丝	
穿光缆热缩套管	对准备好的光缆穿入热缩护套管(此步骤很重要也很容易遗漏,所以开缆前一定要第一时间做好)	
开剥光缆	① 使用 LAP 开剥器小心划开光缆防护层和屏蔽层,以不伤光缆白色管为前提	
	② 拉开光缆外套层,使白色管至少露出 7 cm	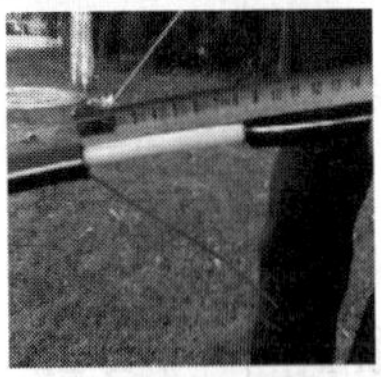
	③ 在白色管露 7 cm 处用 LAP 开剥器轻刮一圈后轻轻折断白色管,拉出套层露出裸纤。使用纸巾和酒精将纤芯擦拭干净	
	④ 保留光缆白色管 7 cm	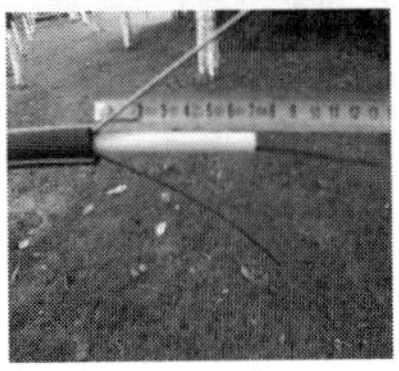

续 表

操作	具体描述	图例
开剥光缆	⑤ 光缆开剥有效长度建议大于 1.2 m	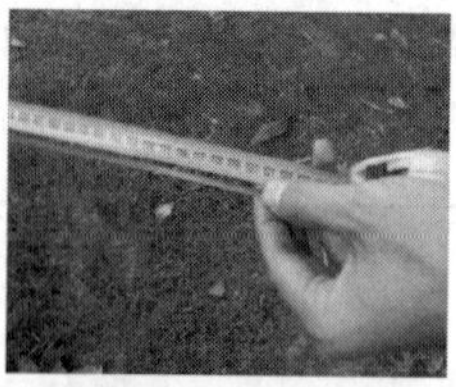
12 芯带状裸纤保护套管	需要 4 条,每条长 25 cm	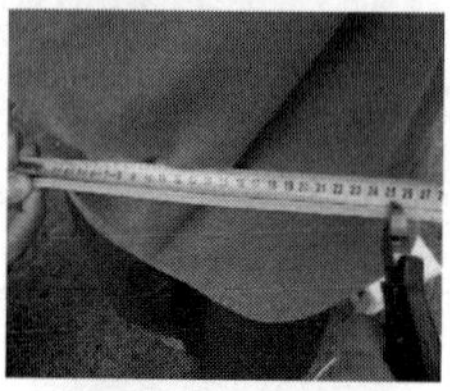
12 芯带纤芯分组	96 芯需分为两组:1~48 芯为一组;49~96 芯为一组	
套入裸纤保护软管	① 每 4 组 12 芯带纤芯套入一条;注意软管大边靠内,小边靠外,否则无法同时套入光缆白色管内	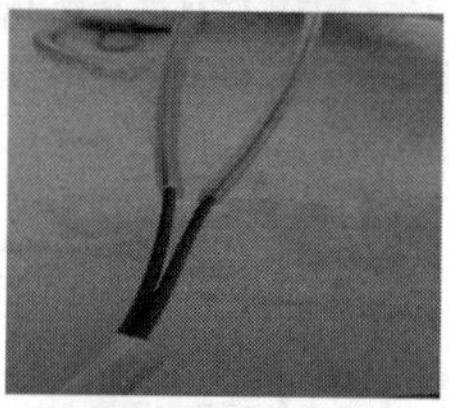
	② 两条保护软管一端需套入光缆白色管内,另一端需对齐	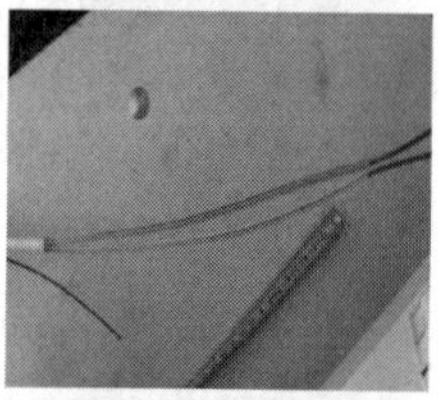
10 mm 透明软管	需要 2 条,每条长 11 cm	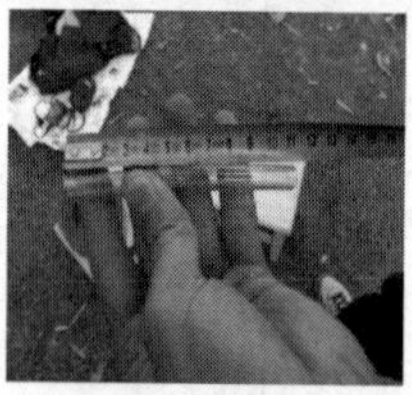
使用 10 mm 透明软管保护	—	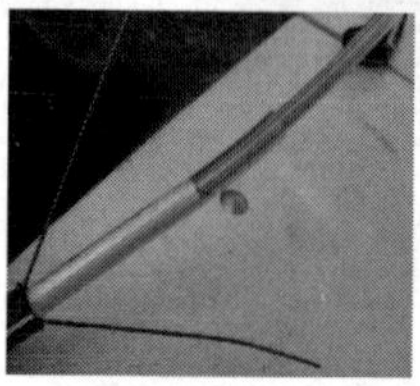 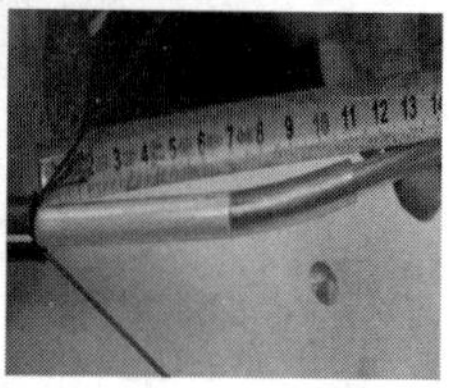

续 表

操作	具体描述	图例
光缆保护已准备就绪	—	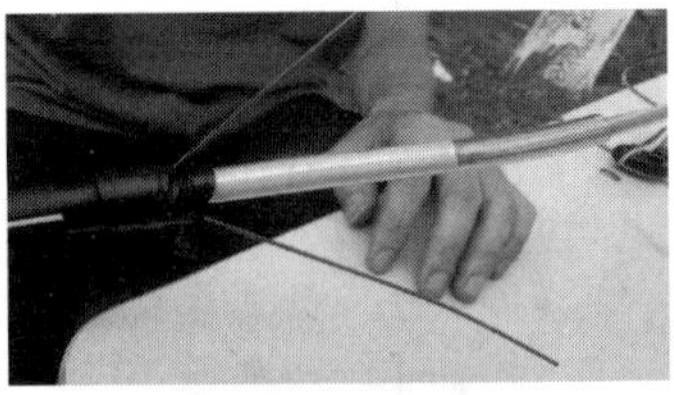
光缆进入接头盒	固定好光缆压片并将光缆加强芯与接地钢柱用螺丝坚固。引接时注意保护好裸纤	
纤芯在纤盘上固定	① 在纤盘两端最外侧系好塑料扎带	
	② 顺着纤芯过来的方向绑扎,千万不要弯折。建议底盘放后 48 芯、上盘放前 48 芯	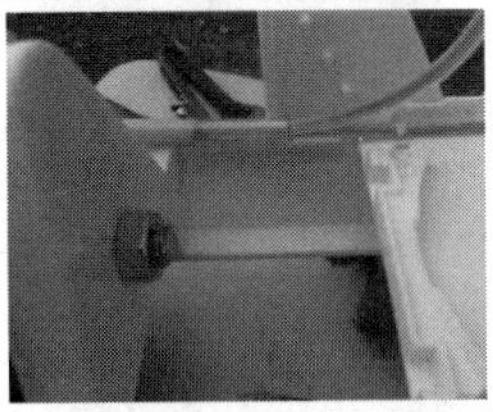
去除多余纤芯	在纤盘上按最大弧度量度到图中红色圆圈所示纤盘卡位位置后,将过长的 12 带纤芯剪断(约长 1.2 m);接头另一端也需按此操作	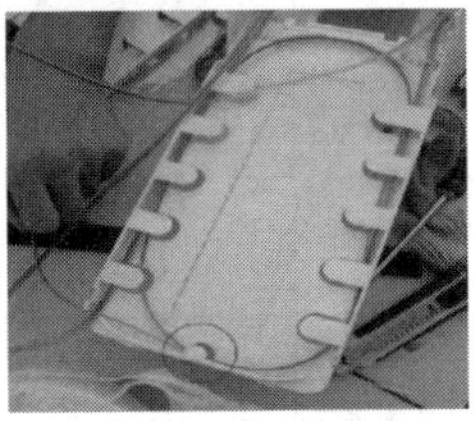
12 芯带穿入热熔套管	为一端的 12 芯带全部穿入纤芯热熔套管	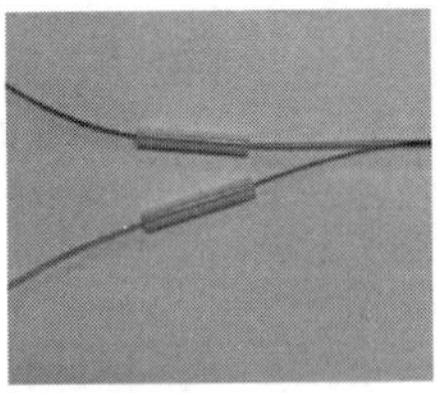
光纤涂覆层的剥除	① 把 12 芯带放入光纤夹具内,夹具外突出部分约 3 cm 为宜	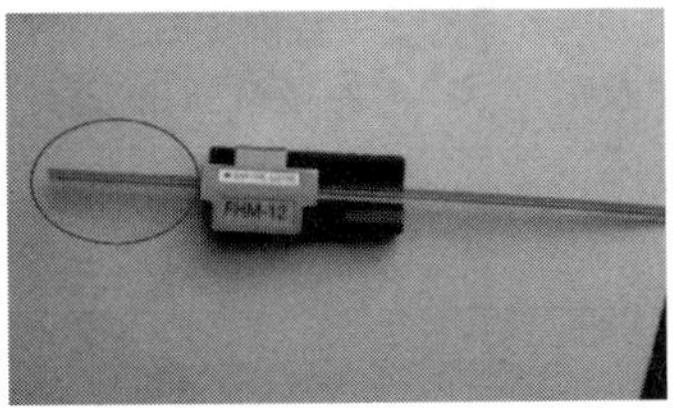

操作	具体描述	图例
光纤涂覆层的剥除	② 将12芯带夹具按照卡位摆放到 JR-6 带状热剥钳中	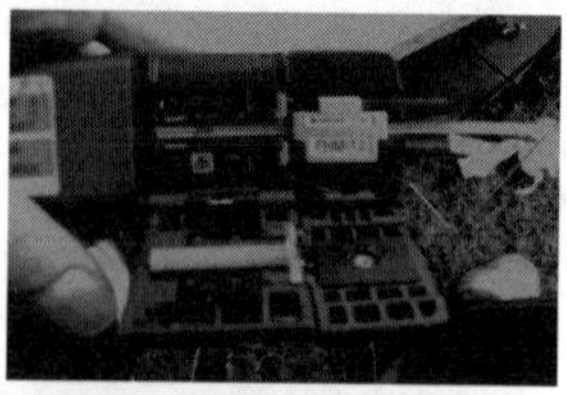
	③ 等待加热指示灯停止闪烁	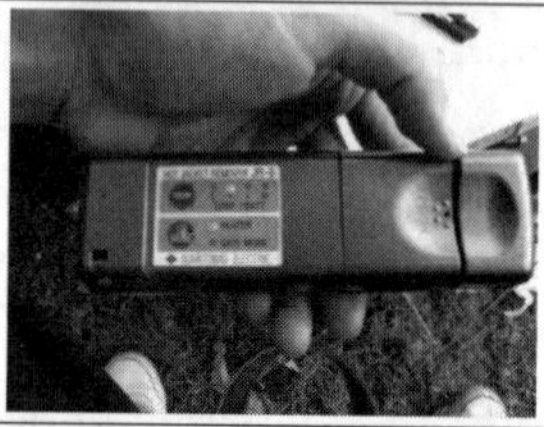
	④ 轻压、慢拉 JR-6 带状热剥钳后即可剥除	
切割光纤	将夹有12芯带的夹具放到 FC-6M 切割刀上,按下压盖,轻推切刀	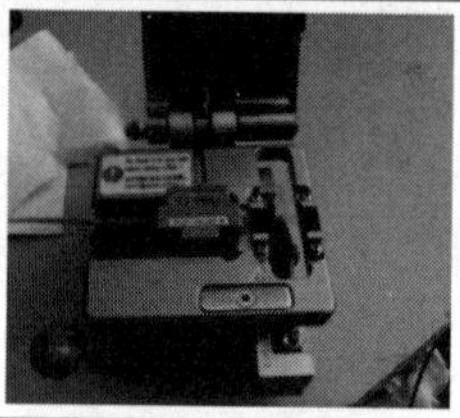
熔接带状光纤	① 熔接机两端已放入12带纤芯 ② 带状熔接机对12带纤芯端面检查正常,等待操作员确认后放电 ③ 提示每一芯的熔接损耗,亮红色表示该芯损耗过大,要求每芯损耗小于0.08 dB	
加热热熔套管	放入热熔槽时需小心谨慎,手一定要保持平行,否则易折断纤芯,加热完成后熔接机会发出"嘀"的响声	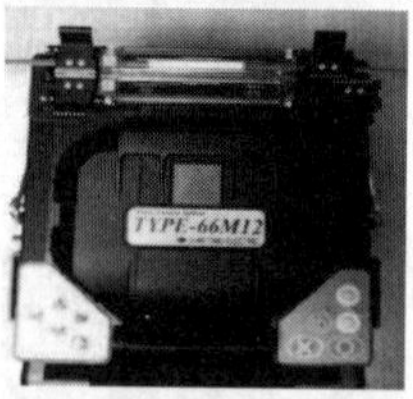
盘纤	熔接完成后,待纤芯热缩套管冷却后才能进行盘纤工作,盘纤以尽可能大的弧度和不增加光纤损耗为前提	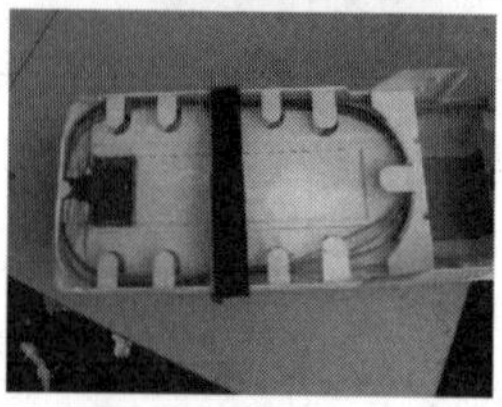

操作	具体描述	图例
接头盒进孔管打磨	利用砂纸条顺应光缆进出口管孔圆周打磨,用力要均匀	
光缆打磨	利用砂纸条顺应光缆圆周打磨,用力要均匀	
清洁进孔管和光缆	使用接头盒内配备的清洁剂和纱布对刚才打磨过的位置进行全面清洁	
光纤接头盒密封	① 用喷灯对打磨和清洁后的接头盒进出口管、光缆部分进行预热处理,使水汽和酒精蒸发	
	② 将喷灯调整到小火状态,沿热缩套管圆周均匀加热,切忌使用猛火	
	③ 待热缩套管内的温度指示漆由绿色完全转变为黑色后,逐步加热使热缩管收缩直至末端	
	④ 已经加热好的效果图	

操作	具体描述	图例
光纤接头盒密封	⑤ 在光缆处绑上两道红扎线,间隔约50 cm为宜	
	⑥ 将密封胶圈平放到对应的卡位,装上套筒,锁紧固定装置,最后将抱箍安装好	

96芯带状光纤接头盒密封完成

3. 光缆成端技术

(1) 光缆成端的种类

① 光缆交接箱成端。

② 光纤配线架(ODF)成端。

③ 光纤配线箱成端。

④ 光分线盒、光缆终端盒。

(2) 光缆成端的技术要求

① 按有关规定或根据设计要求,预留足光缆,并按一定的曲率半径把预留光缆盘好,以备后用。

② 光缆终端盒的安装位置应平稳安全且远离热源。

③ 光纤在终端盒的死接头应采用接头保护措施并使其固定,剩余光纤在箱内应按大于规定的曲率半径盘绕。

④ 从光缆终端盒中引出的单芯光缆或尾巴光缆所带的连接器,应按要求插入光纤配线架的连接插座内,暂不插入的连接器应盖上塑料帽,以免灰尘侵蚀连接器的光敏面,造成连接损耗增大。

⑤ 光缆中的金属加强构件、屏蔽线(铝箔层)以及金属销装层,应按设计要求做接地或终结处理。

⑥ 光缆中的铜线应分别引入公务盘和远供盘终结。

⑦ 光纤、铜线应在醒目位置标明方向和序号。

(3) 光缆终端的布放跳线应注意的事项

① 避免跳线出现直角,特别注意不应用塑料带将跳线扎成直角,否则光纤因长期受应力影响可能出现断裂,并引起光损耗不断增大。跳线在拐弯时应走曲线,且弯曲半径应大于等于40 mm。布放中要保证跳线不受力、不受压,以免跳线长期受应力。

② 避免跳线插头和转接器(又称法兰盘)出现耦合不紧的情况。插头插入不好或者只插入一部分一般会引起10~20 dB的光衰耗,导致光通信系统的传输特性恶化,在中继距离较长

或者光端机光发送功率较低的情况下,光通信系统将出现明显的不稳定性。

③ 农话网用户端的光通信设备所处的环境较差,易受鼠害,除了要注意环境治理外,还应尽量使跳线由光通信设备的上方进入,避免跳线由地槽或地面进入设备。光通信系统采用直接终端法时,终端盒最好挂在墙上,而不要放在地槽下或地面上。

④ 维护人员如不注意跳线的布放,光通信系统使用一段时间后就会出现单个或瞬间大误码,光通信系统将变得不稳定。此时,光通信系统出现故障的表现形态不一,故障原因不易判断,故障部位不易查找,严重时,光通信系统将中断,因此避免不规范操作是保证光通信系统稳定的重要条件。

⑤ 进局光缆的管孔使用安排和在进线室电缆托架上的位置,应符合设计要求,其在托架上应排放整齐,不重叠,不交错,不上下穿越或蛇行;引上转角的曲率半径应符合规定。

⑥ 进线室的管孔及局前人孔内通往进线室侧的管孔应做堵塞。

⑦ 进局光缆的外护层应完整,无可见的损伤;横放的光缆接头应交错排列,接头任意一端距光缆转弯处应大于 2 m;进线室的光缆应按设计要求做好编号和相关标志。

⑧ 成端光缆:根据终端设备的配置,合理固定光缆和光缆接头套管(盒),光缆余长部分应在进线室或机房中的适宜位置盘放,余缆长度及光缆曲率半径应符合设计要求。

示例:光缆配线盘的成端。

光缆配线盘成端的制作过程如表 1.9 所示。

表 1.9　光缆配线盘成端的制作过程

操作	图例
① 将光缆从箱体下方的光缆入口引入箱体	
② 开剥光缆,开剥长度为开剥处到所端接集纤盘的长度加集纤盘内光纤余留长度。加强芯预留 4 cm	
③ 用束管钳去除光缆松套管(应余留 4 cm 左右松套管),将光纤清理干净,套上塑料保护套管,保护套管的长度为从光缆端面到配线区集纤盘的长度(根据实际路由确定管长)。光纤束难以穿入塑料保护套管时,应尽可能将保护套管拉直,减小套管对光纤的阻力,也可将光纤用黏性较好的胶带粘于小钢丝上,借小钢丝的拉力将光纤穿入套管	

操作	图例
④ 保护管与光缆开剥接口处用绝缘胶带缠紧(加强芯一并缠入)	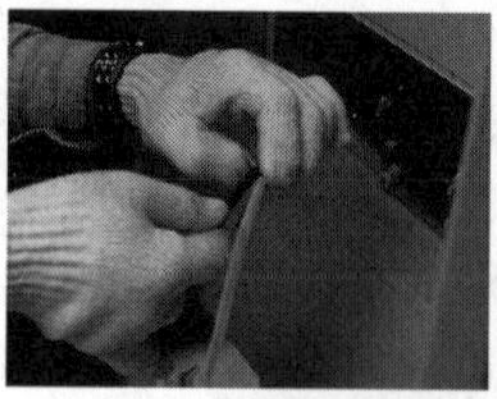 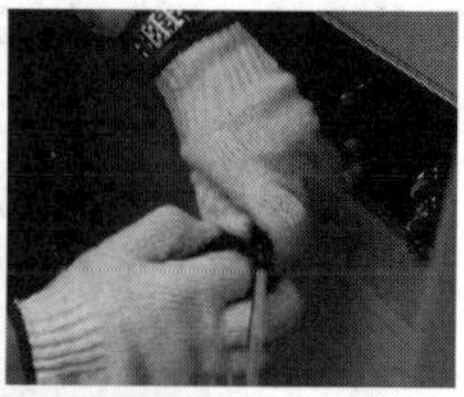
⑤ 将光缆加强芯穿入分支架内固定柱中,用螺母紧固;拧紧压缆卡,固定光缆。光缆护套切口与压缆卡内侧相距0.6~1.0 cm	
⑥ 将套上保护套管的光纤通过卡环引入集纤盘,并将其用扎带固定在集纤盘上,光纤曲率半径应符合要求	 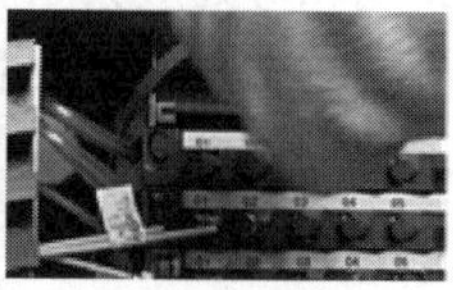
⑦ 尾纤开剥长度为25~30 cm	 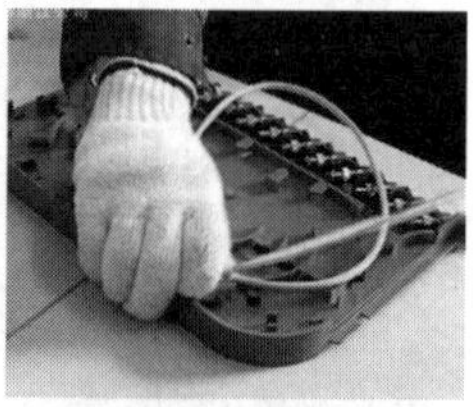
⑧ 熔接方法与前述光纤接续基本相同,只是尾纤的涂覆层剥除稍有不同。此外,制作尾纤端面时,应选择切割刀较宽的 V 型槽	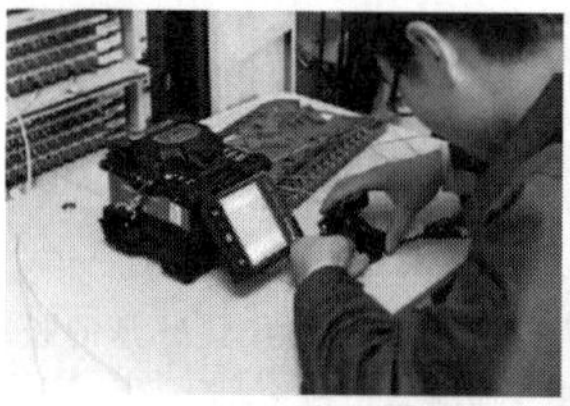 
⑨ 收容	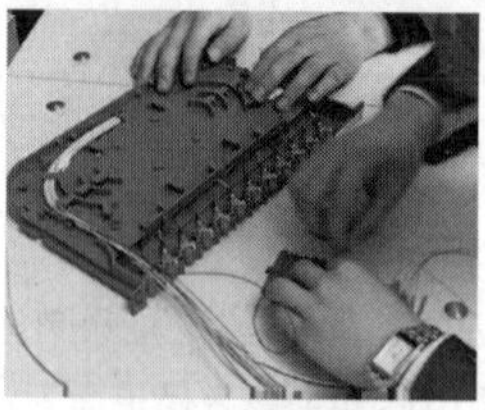
⑩ 光纤配线盘制作完成	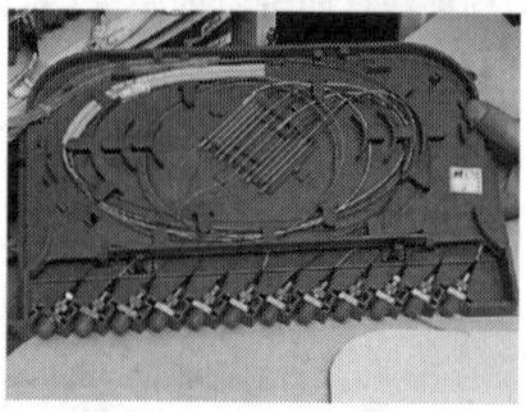

课后练习

1. 光缆线路工程涉及的相关产品技术有哪些？
2. 简述光纤的结构、种类与规格、特性。
3. 简述光缆的结构、种类、型号、端别。
4. 我国常用的光纤连接器有哪些类型？
5. 简述熔接机的原理、作用、种类。
6. 简述熔接机的操作步骤。
7. 简述熔接机的使用注意事项。
8. 简述光纤熔接接续步骤。
9. 光纤熔接接续步骤中最关键的工序是什么？
10. 光纤接续有哪些注意事项？
11. 为了正确进行光纤熔接，熔接机应如何进行必要的参数设置？
12. 单芯与多芯熔接有哪些异同点？
13. 如何维护光纤熔接机？
14. 哪些情况下需对光纤重新进行熔接？
15. 盘留余纤时应注意什么？
16. 光缆线路配线方法有哪些？各有什么特点？
17. 光缆交接箱内有哪几类用途的光纤？
18. 反射事件、非反射事件的含义是什么？哪些事件属于反射事件？哪些事件属于非反射事件？
19. 在正常进行测量的情况下，应首先设置哪些参数？这些参数的不同取值对测量会有怎样的影响？
20. 正增益现象产生的原因是光纤接头对光信号有放大作用吗？为什么？
21. 简述 OTDR 的操作流程。
22. 简述光缆线路测试类型。
23. 工程测试一般包括哪些部分？
24. 简述利用 OTDR 进行单盘测试的步骤。
25. 简述利用 OTDR 进行中继段（竣工）测试的步骤。
26. 简述 OTDR 测试光缆线路故障的要点。

第 2 章　管道敷设与维护

2.1　通信管道知识

2.1.1　土质的识别

<主要考点>

• 土质识别方法(五级)

<主要内容>

1. 土的分类方法

(1)为工程预算服务的分类

国家计划委于 1986 年 10 月 1 日发布的规定中,将土分为普通土、坚土、砂砾坚土三类。

(2)为判定和评估岩土工程性质的分类

根据土的颗粒级配、塑性指标等物理性质,可将土分为碎石类土、砂土和黏性土。

① 碎石类土:粒径大于 2 mm 的颗粒含量超过全重的 50%。根据颗粒级配及形状,碎石类土又可分为漂石土、块石土、卵石土、碎石土、圆砾土和角砾土。

② 砂土:粒径大于 2 mm 的颗粒不超过全重的 50%、塑性指数不大于 3 的土。根据颗粒级配砂土又可分为砂砾、粗砂、中砂、细砂和粉砂。

③ 黏性土:具有黏性和可塑性、塑性指数大于 3 的土。第四纪晚更新世及其以前沉积的黏性土为老黏土;第四纪全新世沉积的黏性土为一般黏土;文化期以来新沉积的黏性土称为新近沉积黏性土。按土的塑性指数 IP 黏性土又可分为黏土、亚黏土和轻亚黏土三种。

(3)按工程性质分类

根据工程性质,土壤可分为软土、人工回填土、黄土、膨胀土、红黏土和盐渍土等特殊土。

① 软土:在静水或缓慢的流水环境中沉积,经生物化学作用成为饱和黏性土。

② 人工回填土:由于人类活动而产生的堆积物,其物质成分一般较为杂乱,均匀性差。由碎石土、砂土、黏性土等一种或数种组成的称为素填土。经过分层压实的统称为压实填土。大量含有垃圾、工业废料等杂物的称为杂填土。

③ 黄土:在干燥气候条件下形成的一种灰黄色或棕黄色的特殊土,粒径为 0.05～0.005 mm 的颗粒占总重量的 50% 以上,质地均一,结构疏散,孔隙率很高,有肉眼可见的大孔隙,碳酸钙

含量为 10% 左右,无沉积层理。

④ 膨胀土:黏粒成分主要由亲水性矿物质组成,液限大于 40%,且膨胀性能较好,自由膨胀率大于 40%。在自然状态下,多呈硬塑性或坚硬状态,具有黄、红、灰白等色。

⑤ 红黏土:石灰岩、白云岩、泥灰岩等碳酸盐类岩石经过风化过程后,残积、坡积形成褐红、棕红、黄褐等颜色的塑性黏土。

⑥ 盐渍土:土层内平均易溶盐的含量大于 0.5%,土的盐渍化使结构破坏以致土层疏松。冬季的土体膨胀,雨季时强度降低。在潮湿状态下,含盐量越高,强度越低。含盐量高时不易压实。

2. 土的现场鉴别

① 砂石土、砂土的现场鉴别方法如表 2.1 所示。

表 2.1　砂石土、砂土的现场鉴别方法

土的类别	现场鉴别方法	特征
砂砾石 卵(砾)石		① 一半以上的颗粒粒径超过 20 mm ② 颗粒完全分散 ③ 湿润时拍击表面无变化 ④ 无黏着感
圆(角)砾石		① 一半以上的颗粒粒径超过 2 mm(小高粱粒大小) ② 颗粒完全分散 ③ 湿润时拍击表面无变化 ④ 无黏着感
砂土 砾砂		① 约有 1/4 以上的颗粒粒径超过 2 mm(小高粱粒大小) ② 颗粒完全分散 ③ 湿润时拍击表面无变化 ④ 无黏着感
粗砂	① 类别 ② 土的名称 ③ 观察颗粒大小 ④ 干燥时的状态 ⑤ 湿润时拍击状态 ⑥ 黏着程度	① 约有一半以上的颗粒粒径超过 0.5 mm(细小米大小) ② 颗粒完全分散,但有个别胶结在一起 ③ 湿润时拍击表面无变化 ④ 无黏着感
中砂		① 约有一半以上的颗粒粒径超过 0.25 mm(白菜籽大小) ② 颗粒完全分散,局部胶结但一碰即散 ③ 湿润时拍击表面偶有水印 ④ 无黏着感
细砂		① 大部分颗粒的粒径与粗豆米粉的近似(大于 0.1 mm) ② 颗粒大部分分散,少量胶结,部分稍加碰撞即散
粉砂		① 大部分颗粒的粒径与小米粒的近似 ② 颗粒少量分散,大部分胶结,稍加压力可分散 ③ 湿润时拍击表面有显著翻浆现象 ④ 有轻微黏着感

注:在观察颗粒进行分类、定名时,应根据粒径分组由大到小以最先符合者确定。

② 碎石类土密实度的现场鉴别方法如表 2.2 所示。

表 2.2 碎石类土密实度的现场鉴别方法

土的密实度	现场鉴别方法	特征
密实	① 密实度 ② 骨架和充填物 ③ 天然坡和可挖性 ④ 可黏性	① 骨架颗粒含量大于总重的 70%,呈交错紧贴,连续接触。孔隙填满,充填物密实 ② 天然陡坡较稳定,坎下堆积物较少,镐挖掘困难,用撬棍方能松动,坑壁稳定,从坑壁取出大颗粒处能保持凹面状态 ③ 钻进困难,冲击钻探时,钻杆、吊锤跳动剧烈,孔壁较稳定
中密		① 骨架颗粒含量等于总重的 60%～70%,呈交错排列,大部分接触。孔隙填满,充填物中密 ② 天然坡不易陡立或陡坎下堆积物较多,但坡度大于粗颗粒的安息角。镐可挖掘,坑壁有掉块现象,从坑壁取出大颗粒处砂土不易保持凹面状态 ③ 钻进较困难,冲击钻探时,钻杆、吊锤跳动不剧烈,孔壁有坍塌现象
稍密		① 骨架颗粒含量小于总重的 60%,排列混乱,大部分不接触。孔隙中的充填物稍密 ② 不能形成陡坎,天然坡接近于粗颗粒的安息角。锹可挖掘,坑壁坍塌,从坑壁取出大颗粒处砂土塌落 ③ 钻进较容易,冲击钻探时,钻杆稍有跳动,孔壁易坍塌

注:碎石类土的密实度应按表中各项综合确定。

③ 黏性土的现场鉴别方法如表 2.3 所示。

表 2.3 黏性土的现场鉴别方法

土的类别	现场鉴别方法	特征
黏土	① 土的名称 ② 干土的状态 ③ 湿土的状态 ④ 湿润时用刀切的状态 ⑤ 用手捻摸的感觉 ⑥ 黏着程度 ⑦ 湿土搓条情况	① 坚硬,用碎块能打碎,碎块不会碎落。 ② 湿土是黏塑的、腻滑的、粘连的 ③ 湿润状态下用刀切时切面非常光滑规则,刀刃有涩滞,有阻力 ④ 湿土用手捻时有滑腻感觉,当水分较大时极为黏手,感觉不到有颗粒存在 ⑤ 湿极易黏着物体,干燥后不易剥去,用手反复清洗才能去掉 ⑥ 能搓成 0.5 mm 土条(长度不短于手掌)。手持一端不致断裂
亚黏土		① 用锤击或手压土块容易碎开 ② 湿土是塑性的,弱粘连 ③ 湿润状态下用刀切时稍有光滑面,切面有规则 ④ 仔细捻摸湿土时会感到有少量细颗粒,稍有滑腻感和黏滞感 ⑤ 能黏着物体,干燥后较易剥落 ⑥ 能搓成 0.5～2 mm 的土条
轻亚黏土		① 用锤击或手压土块容易碎开 ② 湿土是塑性的,弱粘连 ③ 湿润状态下用刀切时无光滑面,切面比较粗糙 ④ 仔细捻摸湿土时会感觉有细颗粒存在或粗糙,有轻微黏滞感或无黏滞感 ⑤ 一般不黏着物体,干燥后,一碰即碎 ⑥ 能搓成 2～3 mm 的土条

④ 人工回填土、淤泥、黄土、泥炭的现场鉴别方法如表 2.4 所示。

表 2.4　人工回填土、淤泥、黄土、泥炭的现场鉴别方法

土的类别	现场鉴别方法	特征
人工回填土	① 土的名称 ② 观察颜色 ③ 夹杂物 ④ 形状(构造) ⑤ 侵入水中的现象 ⑥ 搓土条情况 ⑦ 干燥后的强度	① 无固定颜色 ② 夹杂物为砖瓦、碎块、垃圾、炉灰等 ③ 夹杂物呈现于外,构造复杂 ④ 侵入水中后大部分变成微软淤泥,其余部分为碎瓦、炉渣,在水中单独出现 ⑤ 一般能搓成 3 mm 土条但易断,杂质多时则不能搓成条 ⑥ 干燥后部分杂质脱落,故无定型,稍微一加力就破碎
淤泥		① 灰黑色,有臭味 ② 池沼中有半腐朽的细小动植物遗体,如草根、小螺壳等 ③ 夹杂物仔细观察可以发现,构造呈层状,但有时不明显 ④ 侵入水中后外观无显著变化,在水面上出现气泡 ⑤ 一般淤泥质土接近于轻亚黏土,故能搓成 3 mm 土条(长至少为 3 cm),容易断裂 ⑥ 干燥后体积显著收缩,强度不大,锤击时呈粉末状,用手指能捻碎
黄土		① 黄褐两色的混合色 ② 有白色粉末出现在纹理之中 ③ 夹杂物常清晰显现,构造上有垂直大孔(肉眼可见) ④ 侵入水中后即行崩散,分成散的颗粒集团,在水面会出现很多白色液体 ⑤ 搓条情况与正常的亚黏土类似 ⑥ 一般黄土相当于亚黏土,干燥后强度很高,手指不易捻碎
泥炭		① 深灰或黑色 ② 有半腐朽的动植物遗体,其含量超过 60% ③ 夹杂物有时可见,构造上无规律 ④ 侵入水中后极易崩碎,变为细软淤泥,其余部分为植物根、动物残体、渣滓,悬浮于水 ⑤ 一般能搓成 1~3 mm 土条,但残渣很多时,仅能搓成 3 mm 以上的土条 ⑥ 干燥后大量收缩,部分杂质脱落,故有时无定型

2.1.2　沙灰的基础知识

<主要考点>

· 管道基础混凝土(水泥、沙、石)配比要求(五级)

· 沙灰配比方法(四级)

<主要内容>

通信管道工程采用的水泥标号可为 32.5 号或 42.5 号。水泥砂浆必须严格按规定进行配制，混凝土和水泥砂浆的配比如表 2.5、表 2.6 和表 2.7 所示。抹缝、抹角、抹面及管块接缝等处的水泥砂浆，其砂料必须过筛后使用，不得有豆石等较大粒径的碎石在内。

表 2.5　混凝土配比(32.5 水泥)

名称	单位	普通混凝土配比(每立方米)				
		C10	C15	C20	C25	C30
32.5 水泥	kg	266	333	385	450	—
砂子	kg	693	642	606	531	—
5～32 mm 卵石	kg	1 231	1 245	1 231	1 239	—
水	kg	170	180	180	180	—

表 2.6　混凝土配比(42.5 水泥)

名称	单位	普通混凝土配比(每立方米)				
		C10	C15	C20	C25	C30
42.5 水泥	kg	—	281	321	375	419
砂子	kg	—	717	646	627	576
5～40 mm 卵石	kg	—	1 222	1 253	1 218	1 225
水	kg	—	180	180	180	180

表 2.7　水泥砂浆配比

序号	材料	配比(体积比)	适用范围
1	石灰：砂	1：2～1：3	砖石墙(人井、通道墙体)面层
2	水泥：石灰：砂	1：0.3：3～1：1：6	墙面混合砂浆打底
3	水泥：石灰：砂	1：0.5：2～1：1：4	混凝土顶棚抹混合砂浆打底
4	水泥：石灰：砂	1：0.3：4.5～1：1：6	用于檐口、勒脚以及比较潮湿处墙面混合砂浆打底
5	石灰：砂	1：2.5～1：3	用于人井、通道、墙裙、勒脚等比较潮湿处地面基础抹水泥砂浆打底
6	石灰：砂	1：2～1：2.5	用于地面、顶棚或墙面面层
7	石灰：砂	1：0.5～1：1	用于混凝土地面随即压光

2.1.3　管道专用工具

<主要考点>

- 管道专用工具的使用方法(五级)
- 水平仪的使用方法(四级)
- 能扶持、放置水准仪塔尺(五级)

<主要内容>

1．管道施工常用的机械设备

（1）开沟机

随着经济的发展,国家对基本建设的力度加大,地下管道、电（光）缆敷设工程数量激增,质量要求提高。靠人工开挖,不但效率低下,沟槽开挖质量欠佳,而且不能满足"微创"要求。

开沟机是一种高效实用的新型开沟装置,如图2.1所示。柴油机经过皮带将转动传递到离合器后,驱动行走变速箱、传动轴、后桥等来实现链条式开沟机的向前或向后的直线运动。开沟机用于铺设农田管道、城乡光电缆等。

图 2.1　开沟机

现有的机械化沟槽开挖技术基本分为三种:小型挖掘机开挖、大型拖拉机上安装并拖动小链条作业、圆盘式开沟机。

小型挖掘机用于开挖下水道、沟壑、水渠等大型工程,效率高、质量好;但用于开挖预埋管道、电（光）缆用窄深沟,则大材小用。在大型拖拉机上安装并拖动小链条进行挖沟作业时,由于拖拉机输出转速较高,与链条的低转速、高扭矩不匹配,极易造成链条断裂,且效率偏低。圆盘式开沟机是将发动机的转动传递到安装有刀具的直径较大的圆盘上,通过圆盘的转动实现挖掘,该圆盘装置结构是由柴油机驱动一系列带、链条、链轮、涡轮减速机等减速来实现低转速、大扭矩,从而带动转盘旋转开挖,整机装配成本高,结构复杂,零部件更换频繁,效率低下,仅适合开挖路边等小量工程。

（2）顶管设备

顶管法是指隧道或地下管道穿越铁路、道路、河流或建筑物等各种障碍物时采用的一种暗挖式施工方法。

在施工时,通过传力顶铁和导向轨道,利用支承于基坑后座上的液压千斤顶将管压入土层中,同时挖除并运走管正面的泥土。当第一节管全部顶入土层后,将第二节管接在后面继续顶进,这样将管一节节顶入,做好接口,建成涵管。

顶管法特别适于修建穿过已成建筑物、交通线或河流、湖泊下面的涵管。顶管按挖土方式的不同可分为机械开挖顶进、挤压顶进、水力机械开挖和人工开挖顶进等。顶管设备如图2.2所示。

顶管施工设备一般包括:顶进设备、掘进机（工具管）、中继环、工程管、排土设备五部分。

图 2.2 顶管设备

1）顶进设备

主顶进系统——主油缸：2～8 只，行程 1～1.5 m，顶力 300～1 000 t/只。

千斤顶（单只千斤顶顶力不能过大）、管段、后座材料。

主油泵：32-45-50 MPa；操纵台、高压油管。

顶铁：弥补油缸行程不足，厚度小于油缸行程。

导轨：顶管导向。

中继间——中继油缸、中继油泵或主油泵。

2）掘进机

掘进机按挖土方式和平衡土体方式的不同分为手工挖土掘进机、挤压掘进机、气压平衡掘进机、泥水平衡掘进机、土压平衡掘进机。

工具管：无刀盘的泥水平衡顶管机又称工具管，是顶管关键设备，安装在管道最前端，外形与管道相似，结构为三段双铰管。

作用：破土、定向、纠偏、防止塌方、出泥等。

组成：冲泥仓（前）、操作室（中）、控制室（后）。

设水平铰链和上下纠偏油缸，调上下方向（即坡度）；设垂直铰链和水平纠偏油缸，调左右方向（水平曲线）、泥浆环、控制室、左右调节油缸、上下调节油缸、操作室、吸泥管、冲泥仓、栅格、工具管结构。

3）中继环

显然，侧面摩擦力随顶进距离的增大而增大，将长距离顶管分成若干段，在段与段之间设置中继环，接力顶进设备可使后续段只克服顶进管段侧面摩擦力。按自前至后的顺序开动中继环油缸，顶进管道可实现长距离顶进。

在中继环成环形布置若干中继油缸，油缸行程为 200 mm。

中继环油缸工作时，后面的管段成了后座，将前面相邻的管段推向前方，分段克服侧面摩擦力。

4）工程管

管道主体一般为圆形，直径多为 1.5～3 m，长度为 2～4 m。我国管道材料类型有钢筋砼管，钢管、钢管、钢筋砼复合管，钢管、塑料复合管等。

钢筋砼管：C50 以上，应用最多，用于短距下水道中。

钢管：列应用第二位，用于自来水、煤气、天然气等长距离顶管。

钢管、钢筋砼复合管：外钢内砼，用于超长距顶进。

钢管、塑料复合管：外钢内塑，用于强酸性液体及高纯水输送。

5）排土设备

人工出土——人工挖土时。

螺旋输送机——土压平衡顶管机。

吸泥排泥设备——泥水平衡、泥水加气平衡顶管机。

（3）光缆牵引机

光缆的敷设一般有人工牵引和机器牵引两种方式，人工牵引存在以下问题。

由于目前市场人工工资较高，使用人力进行光缆敷设必定会产生不少的费用，导致施工成本增高；在进行光缆敷设的时候，由于多数施工现场环境较为恶劣，导致施工人员的安全得不到保障，增加了安全隐患；利用传统方法人力进行光缆的敷设，将直接影响整个现场的施工进度，施工效率低下，施工周期很长，而且对于业主外线光缆施工工期紧、战线长的项目，人力敷设远远满足不了连续施工的要求。

机器牵引一般采用光缆牵引机，如图 2.3 所示，现有的光缆牵引机是由发动机带动离合器，通过齿轮箱来带动光缆传送带，再通过光缆传送带传送光缆。

图 2.3　光缆牵引机

2. 水准仪的使用

水准仪主要用于工程测量，包括工程地质的标高和高程测量。水准仪主要由目镜、物镜、水准管（观测水平）、制动螺旋（固定方向）、微动螺旋（小幅度转动视角）和三脚架（固定）等组成，结构如图 2.4 所示，在工程使用方面具有快速、可靠等优点。

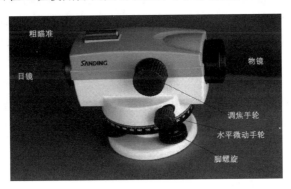

图 2.4　水准仪的结构

（1）水准仪的放置

首先确定两观测点中间的位置，可以采用来回步数取折中步数为大概的中点位置，再打开三脚架并使高度适中（与胸口同高），尽量使三只脚拉伸长度相同，在后期调平时可以节约时间，扭紧制动螺旋，检查脚架是否牢固，防止摔倒；然后打开仪器箱，轻拿轻放，用连接螺旋将水准仪连接在三脚架上，拧紧，防止松动掉落，如图 2.5 所示。

图 2.5　水准仪的安装

（2）调平

粗平。调节脚螺旋，使圆水准气泡居中，当水泡位于中心位置时仪器呈水平状态。

精平。用食指和大拇指转动 3 个脚螺旋，气泡在哪里说明哪里偏高，这时候只要转动螺旋即可，操作方法符合以下规则：右手食指代表前进方向，左手大拇指代表前进方向，如图 2.6 所示。

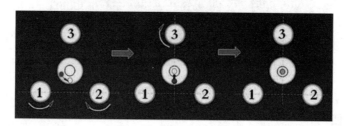

图 2.6　水准仪调平

（3）瞄点

用望远镜准确地瞄准目标，定位测量的位置。睁一眼，闭一眼，先用准星器粗瞄，固定方向，当发现目标在视野下消失时，即眼睛—准星器—目标形成一线，这时候是看不见测量物体的，代表目标物体进入望远镜视野范围；再观测目镜，用微动螺旋精瞄，准确定位物体的位置，如图 2.7 所示。

（4）读数

使用十字丝的中丝在水准尺上读数，从小数向大数读，读四位。读数时，米、分米看尺面上的注记，厘米数尺面上的格数，毫米估读，如图 2.8 所示。

（5）计算

目标高＝后尺读数＋后视高－前尺读数，两尺长度一样，测量出来的差距就是高程差，通过已知高程就可以测下一点高程。

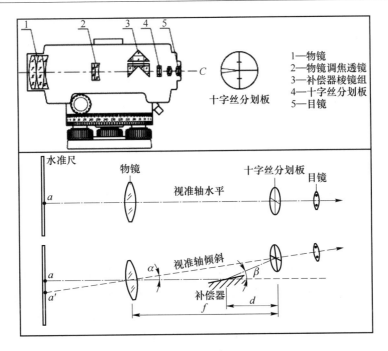

图 2.7　水准仪的瞄点

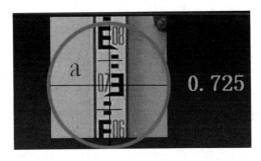

图 2.8　水准仪的读数

3. 水平仪的使用

（1）水平仪的结构

水平仪的结构根据种类的不同而有所区别。框式水平仪一般由水平仪主体、横向水准器、绝热手把、主水准器、盖板和零位调整装置等零部件构成。尺式水平仪一般由水平仪主体、盖板、主水准器和零位调整装置等零部件构成。

水平仪是以水准器作为测量和读数元件的一种量具。水准器是一个密封的玻璃管,其内表面的纵断面为具有一定曲率半径的圆弧面。水准器的玻璃管内装有黏滞系数较小的液体,如酒精、乙醚及其混合体等,没有液体的部分通常称作水准气泡。玻璃管内表面纵断面的曲率半径与分度值之间存在着一定的关系,根据这一关系即可测出被测平面的倾斜度。

（2）水平仪的使用方法

① 使用前,应先检查百分表是否在受控范围,为避免由水平仪零位不准引起的测量误差,在使用前必须对水平仪的零位进行校对或调整。水平仪零位校对、调整方法:将水平仪放在基础稳固、大致水平的平板（或机床导轨）上,待气泡稳定后,在一端（如左端）读数,且定为零;再将水平仪调转 180°,仍放在平板原来的位置上,待气泡稳定后,仍在原来一端（左端）读数,读

数为 A 格则水平仪零位误差为 $A/2$ 格。如果零位误差超过许可范围,则需调整水平仪零位调整装置(调整螺钉或螺母,使零位误差减小至许可值以内。对于非规定调整的螺钉,螺母不得随意拧动。调整前水平仪工作面与平板必须擦拭干净。调整后螺钉或螺母等必须固紧)。

② 框式水平仪在找水平时,要交错 90°进行校调,也就是通常的 x 轴和 y 轴的校调,其 V 型面与被调平面应基本完全接触,水平仪不应有手感上的摆动,调整的过程中使水泡处于正中位置即达到要求。水平仪还有个侧面的 V 型槽,是用于测垂直面的,方法与上述相同。

③ 水平仪在使用时应轻放在被测表面上,尽量不要碰撞,以避免水平仪内的机械调整件移位,进而引起精度的不准确。框式水平仪的精度为 0.02/1 000 mm,即每米 2C。水平仪上的刻度每格就是 2C,每有一格的偏差代表在一米内有一侧高出了 2C。

④ 测量时使水平仪的工作面紧贴被测表面,待气泡完全静止后方可进行读数。水平仪的分度值是以一米为基长的倾斜值,如需测量长度为 L 的实际倾斜值则可通过下式进行计算:

$$实际倾斜值＝分度值 \times L \times 偏差格数$$

⑤ 框架水平仪的两个 V 型测量面是测量精度的基准,在测量中不能与工作的粗糙面接触或摩擦。安放时必须小心轻放,避免因测量面划伤而损坏水平仪和造成不应有的测量误差。

⑥ 用框架水平仪测量工件的垂直面时,不能握住与副侧面相对的部位,而用力向工件垂直平面推压,这样会导致水平仪的受力变形,影响测量的准确性。正确的测量方法是手握副侧面内侧,使水平仪平稳、垂直地(调整气泡,使其位于中间位置)贴在工件的垂直平面上,然后从纵向水准读出气泡移动的格数。

⑦ 使用水平仪时,要保证水平仪工作面和工件表面的清洁,以防脏污影响测量的准确性。测量水平面时,在同一个测量位置上,应将水平仪调过相反的方向再进行测量,当移动水平仪时,不允许水平仪工作面与工件表面发生摩擦,应将水平仪提起来放置。

⑧ 当测量长度较长的工件时,可将工件平均分成若干尺寸段,用分段测量法测量,然后根据各段的测量读数,绘出误差坐标图,以确定其误差的最大格数。

⑨ 机床工作台面的平面度检验方法:将工作台及床鞍分别置于行程的中间位置,在工作台面上放一桥板,其上放水平仪,分别沿测量方向移动桥板,每隔桥板跨距记录一次水平仪读数。通过工作台面上三点建立基准平面,根据水平仪读数求得各测点平面的坐标值。误差以任意 300 mm 测量长度上的最大坐标值计。

⑩ 测量大型零件的垂直度时,用水平仪粗调基准表面到水平,分别在基准表面和被测表面上用水平仪分段逐步测量并用图解法确定基准方位,然后求出被测表面相对于基准的垂直度误差。测量小型零件的垂直度时,先将水平仪放在基准表面上,读气泡一端的数值,然后用水平仪的一侧紧贴垂直被测表面,气泡偏离第一次(基准表面)的读数值即为被测表面的垂直度误差。

2.2　管道勘察、测量

2.2.1　管道坡度

<主要考点>

· 常用管道坡度计算公式(三级)

- 坡度计算方法（四级）
- 能根据设计图，计算出管道坡度（三级）

<主要内容>

1. 通信管道坡度的类型

为避免渗入管孔中的污水或淤泥积于管孔中，造成长时期腐蚀通信光（电）缆或堵塞管孔，相邻的两人（手）孔间的通信管道应有一定的坡度，使渗入管孔中的水能随时流入人（手）孔，便于清理。管道的坡度一般应为 0.3%～0.4% 左右，最小不宜低于 0.25%。

水平地面中通信管道坡度的建筑方法有人字坡、一字坡和斜度坡，如图 2.9 所示。

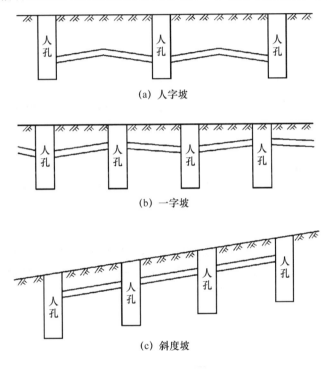

图 2.9　通信管道坡度

"一"字形通信管道建筑方法简单，容易保证通信管道建筑质量，是一种最常用的通信管道建筑方式。但在通信管道路由中穿越其他管线时，有时在高程上会出现矛盾，通信管道不得不避让时，应采用施工比较困难的"人"字形通信管道坡建筑方式，采用该方法时，一般选用塑料管材质。施工路由本身为斜坡时，应采用斜度坡，施工时为减小施工土方量，通信管道斜坡的方向应和地面的斜坡方向一致。

为使光（电）缆及接头在人孔中有适宜的曲率半径和合理布置，在不过度影响管道坡度和埋深等要求下，应尽量使人孔内两边管道的相对管孔接近一致的水平，一般情况下相对位置（标高）的管孔高差不应大于 0.5 m，尽量缩小管道错口的程度。

2. 坡度的计算

管道两端高差与两端之间长度的比值称为坡度，坡度符号以 i 表示：

$$i = (H_1 - H_2)/L$$

式中，H_1 为管道起点标高（m）；H_2 为管道末点标高（m）；L 为管道起点至末点水平投影距离（m）。

坡度的坡向符号用箭头来表示,坡向箭头的指向为由高向低的方向。

2.2.2 管道中线与高程测量

<主要考点>

- 能钉管道沟、坑、槽水平木桩(五级)
- 沟、坑、人(手)孔高程测量方法(三级)
- 能计算沟、坑、人(手)孔高程(三级)
- 能移置管道高程点(三级)

<主要内容>

1. 管道放线测设

(1) 恢复中线

管道中线测量中所钉的中线桩、交点桩等,到施工时难免有部分碰动或丢失,为了保证中线位置准确可靠,施工前应根据设计的定线条件进行复核,并将丢失和碰动的桩恢复。在恢复中线的同时,一般均将管道附属构筑物(涵洞、检查井)的位置同时测出。

(2) 测设施工控制桩

在施工时中线上的各桩要被挖掉,为了便于恢复中线和附属构筑物的位置,应在不受施工干扰、引测方便、易于保存桩位的地方测设施工控制桩。施工控制桩分为中线控制桩和附属构筑物控制桩两种。

① 测设中线控制桩。如图 2.10 所示,施测时,一般以管道中心线为准,在各段中线的延长线上钉设控制桩。若管道直线段较长,也可在中线一侧的管槽边线外测设一条与中线平行的轴线桩,各桩间距以 20 m 为宜,作为恢复中线和控制中线的依据。

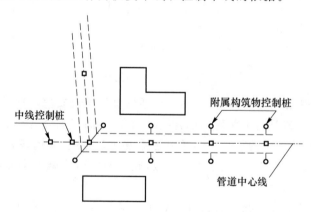

图 2.10 中线控制桩和附属构筑物控制桩的设置

② 测设附属构筑物控制桩。以定位时标定的附属构筑物位置为准,在垂直于中线的方向上钉两个控制桩,如图 2.10 所示。

(3) 槽口放线

槽口放线是指根据管径大小、埋设深度和土质情况决定管槽开挖宽度,并在地面上钉设边桩,沿边桩拉线撒出灰线,作为开挖的边界线。

由横断面设计图查得左右两侧边桩与中心桩的水平距离,如图 2.11 中的 a 和 b,施测时在中心桩处插立方向架测出横断面位置,在断面方向上用皮尺抬平量定 A、B 两点位置,各钉立一个边桩。相邻断面同侧边桩的连线即为开挖边线,用石灰放出灰线,作为开挖的界限。如图 2.12 所示,当地面平坦时,开挖槽口宽度也可采用下式计算:

$$D_z = D_y = \frac{b}{2} + mh$$

式中,D_z、D_y 分别为管道中桩至左、右边桩的距离;b 为槽底宽度;$1 : m$ 为边坡坡度;h 为挖土深度。

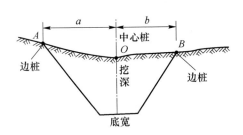

图 2.11 中心桩和边桩的距离

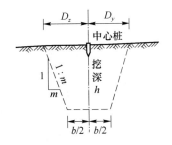

图 2.12 开口宽度的计算

2. 管道高程测量

管道施工中的测量工作,主要是控制管道的中线和高程位置。因此,在开槽前后应设置控制管道中线和高程位置的施工标志,用于按设计要求进行施工。以下介绍两种常用的方法。

（1）龙门板法

龙门板由坡度板和高程板组成。管道施工中的测量任务主要是控制管道中线设计位置和管底设计高程,因此需要设置坡度板。如图 2.13 所示,坡度板跨槽设置,间隔一般为 $10 \sim 20$ m,编写板号。当槽深在 2.5 m 以上时,应待开挖至距槽底 2 m 左右时再将坡度板埋设在槽内,如图 2.14 所示。坡度板应埋设牢固,板面要保持水平。

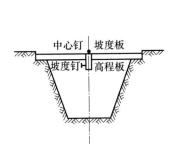

图 2.13 坡度板的设置

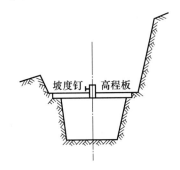

图 2.14 槽深在 2.5 m 以上时坡度板的设置

坡度板设置好后,根据中线控制桩,用经纬仪把管道中心线投测至坡度板上,钉上中心钉,并标上里程桩号。施工时,利用中心钉的连线可方便地检查和控制管道的中心线。

再用水准仪测出坡度板顶面高程,板顶高程与该处管道设计高程之差即板顶往下开挖的深度。由于地面有起伏,因此,由各坡度板顶向下开挖的深度都不一致,这对于施工中掌握管底的高程和坡度都不方便。为此,需在坡度板上中线一侧设置坡度立板(称为高程板),在高程板侧面测设一坡度钉,使各坡度板上坡度钉的连线平行于管道设计坡度线,并使距离槽底设计高程为一整分米数(称为下返数),施工时,利用这条线可方便地检查和控制管道的高程和坡度。高差调整数可按下式计算:

$$高差调整数＝(管底设计高程＋下返数)－坡度板顶高程$$

调整数为正时,表示至板顶向上改正;调整数为负时,表示至板顶向下改正。

按上述要求,最终形成图 2.15 所示的管道施工所常用的龙门板。

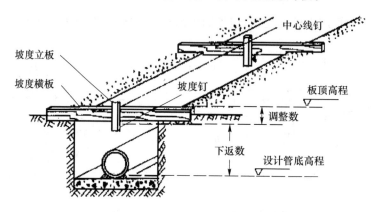

图 2.15　龙门板的结构图

（2）平行轴腰桩法

当现场条件不便采用坡度板时,对于精度要求较低的管道,可采用平行轴腰桩法来测设坡度控制桩,方法如下所述。

① 测设平行轴线桩。开工前首先在中线一侧或两侧测设一排平行轴线桩(管槽边线之外),平行轴线桩与管道中心线相距 a,各桩间距约为 20 m。检查井位置也相应地在平行轴线上设桩。

② 钉腰桩。为了比较精确地控制管道中线和高程,在槽坡上(距槽底约 1 m)再钉一排与平行轴线相对应的平行轴线桩,使其与管道中心的间距为 b,这样的桩称为腰桩,如图 2.16 所示。

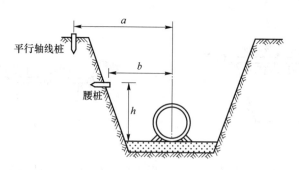

图 2.16　腰桩的设置

③ 引测腰桩高程。腰桩钉好后,用水准仪测出各腰桩的高程,腰桩高程与该处对应的管道设计高程之差 h 即下返数。施工时,由各腰桩的 b、h 来控制埋设管道的中线和高程。

2.2.3　管道的测量

<主要考点>

• 管道测量的基本要求(五级)

<主要内容>

1. 钉设桩点

通信管道工程的测量,应按照设计文件及城市规划部门已批准的位置、坐标和高程进行。

施工前,必须依据设计图纸和现场交底的控制桩点,进行通信管道及人(手)孔位置的复测,并按施工需要钉设桩点,复测钉设的桩(板)应符合下列规定。

① 直线管道自人(手)孔中心 3～5 m 处开始,沿管线每隔 20～25 m 宜设一桩(板);设计为弯管道时,桩(板)应适当加密。

② 桩点设置应牢固,顶部宜与地面平齐。桩点附近有永久建(构)筑物时,可做定位检点,并做好标志和记录。

③ 平面复测允许偏差应符合下列规定。

a. 管道中心线不得大于±10 mm。

b. 直通型人(手)孔的中心位置不得大于 100 mm。

c. 管道转角处的人(手)孔中心位置不得大于 20 mm。

2. 临时水准点的设置

施工现场必须设置临时水准点,并应标定管道及人(手)孔施工直测的水准桩点,临时水准点的设置应符合下列要求。

① 临时水准点应满足施工测量的精度,允许误差不大于±5 mm。

② 临时水准点的设置必须牢固、可靠,两点的间距不应大于 150 m。

③ 临时水准点、水平桩(或平尺板)的顶部必须平整、稳定,并有明显标记。

④ 临时水准点、水平桩(或平尺板)应按顺序编号,测定相应高程,计算出各点相应沟(或坑)底的深度,标在平尺板上并做好记录。

3. 校测

施工时,必须按下列规定进行校测。

① 在完成沟(坑)挖方及地基处理后,应校测管道沟、人(手)孔坑底地基的高程是否符合设计规定。

② 施工过程中如发现水平桩(或平尺板)错位或丢失,应及时进行校测并补设桩点。

4. 其他要求

① 挖土方工作完成后,凡在沟(坑)中的其他管、线等(指不需移改的)地下设施及已移改完毕的地下设施,必须测量其顶部(底部)的高程、宽度等以及与邻近人(手)孔和通信管道(通道)的相对位置、垂直间距、水平间距,并做好记录,必须注明其类别、规格等。

② 通信管道的各种高程以水准点为基准,允许误差不应大于±10 mm。

2.3 管道、人(手)孔敷设

2.3.1 管道的敷设

<主要考点>

- 能制作管道基础(五级)
- 模板的规格,木桩支顶模板的方法(五级)
- 管道基础制作标准(五级)
- 管头钢筋制作方法(五级)
- PVC 管、水泥管接续标准(五级)
- 能用水平仪对管道沟底抄平(四级)
- 能用木桩支顶各种模板(四级)

<主要内容>

1. 管道地基

通信管道的地基是承受地层上部全部荷重的地层,按建设方式可分为天然地基和人工地基两种。在地下水位很低的地区,如果通信管道沟原土地基的承载能力超过通信管道及其上部压力的两倍,并且属于稳定性的土壤,则沟底经过平整以后,即可直接在其上敷设通信管道,这种地基即属于天然地基。如果土质松散,稳定性差,原土地层必须经过人工加固使上层较大的压力经过扩散以后均匀地分布于下部承载能力较差的土壤上,则称这种地基为人工地基。人工地基有以下几种加固方式。

① 表面夯实:适用于黏土、砂土、大孔性土壤和回填土等的地基。

② 碎石加固:土质条件较差或基础在地下水位以下。在非稳定性土壤的基坑中放入 $10 \sim 20$ cm 厚的碎石层,然后分层夯实,找平后即可在其上敷设通信管道。管道基坑的碎石层厚度通常为 10 cm,人孔基坑的厚度为 20 cm。有混凝土基础时,碎石层地基宽度比混凝土基础宽 $10 \sim 15$ cm。

③ 换土法:当土壤承载能力较差时,宜挖去原有软土,换以沙、砾石及卵石,并分层夯实(每层约 15 cm 厚),以提高土壤的承受能力。

④ 打桩加固:在土质松软的回填土流砂、淤泥或Ⅲ级大孔性土壤等地区,采用桩基加固地基,以提高承载力。目前常采用混凝土桩加固,采用的混凝土标号不小于 150♯,桩径为 $15 \sim 20$ cm,长度为 $1.5 \sim 3.0$ m;为增加混凝土的韧性,可在圆截面的轴线方向配 4 根 $\phi 12$ mm 的钢筋。在支撑桩上建筑通信管道方式如图 2.17 所示,桩位布置如图 2.18 所示。

2. 混凝土的模板

① 通信管道工程中的混凝土基础、包封、上覆及人孔壁、盖板等,均应按设计图纸的规格要求支架模板。

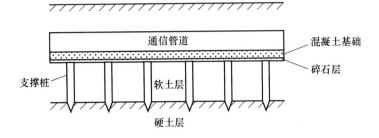

图 2.17　在支撑桩上建筑通信管道方式

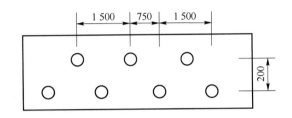

图 2.18　桩位布置图

② 浇筑混凝土的模板应符合下列规定。

a. 各类模板必须有足够的强度、刚度和稳定性,无缝隙和孔洞,浇筑混凝土后不得产生形变。

b. 模板的形状、规格应保证设计图纸要求浇筑的混凝土构件的规格和形状。

c. 模板与混凝土的接触面应平整,边缘整齐,拼缝紧密、牢固,预留孔洞位置准确,尺寸符合规定。

d. 重复使用的模板的表面不得有黏结的混凝土、水泥砂浆及泥土等附着物。

③ 模板拆除的时间应符合下列要求。

a. 各种非承重混凝土构件最早拆除模板的时间应符合表 2.8 的规定。

表 2.8　非承重混凝土构件拆模时间表

水泥品种	水泥标号	混凝土标号	日平均温度/℃					
			5	10	15	20	25	30
			混凝土达到 2.45 MPa(25 kgf/cm²)强度的拆模天数					
普通硅酸盐水泥	32.5	C10 以下	5.0	4.0	3.0	2.0	1.5	1.0
		C11～C20	4.5	3.0	2.5	2.0	1.5	1.0
		C20 以上	3.0	2.5	2.0	1.5	1.0	1.0
火山灰或矿渣水泥	32.5	C10 以下	8.0	6.0	4.5	3.5	2.5	2.0
		C10 以上	6.0	4.5	3.5	2.5	2.0	1.5

注:每 24 小时为一天。

b. 各种承重混凝土构件最早拆除模板的时间应符合表 2.9 的规定。

表 2.9　承重混凝土构件拆模时间表

结构类别	水泥种类	水泥标号	拆模需要的强度（按设计强度的 $x\%$ 计）	日平均温度/℃					
				5	10	15	20	25	30
				混凝土达到32%强度的天数					
跨度为 2.5 m 以下的板及装配钢筋混凝土构件	普通硅酸盐	32.5	50	12	8	7	6	5	4
	火山灰或矿渣	32.5 以上	50	22	14	10	8	7	6
跨度为 2.5～8 m 的板梁的底模板	普通硅酸盐	32.5	70	24	16	12	10	9	8
	火山灰或矿渣	32.5 以上	70	36	22	16	14	11	9

④ 浇灌混凝土的模板各部分的尺寸,预留孔洞及预埋件的位置应准确,并应无跑浆、漏浆等现象。

3. 钢筋加工

① 通信管道工程所用的钢筋品种、规格、型号均应符合设计的规定。

② 钢筋加工应符合下列规定。

a. 钢筋表面应洁净,应清除钢筋的浮皮、锈蚀、油渍、漆污等。

b. 钢筋应按设计图纸的规定尺寸下料,并按规定的形状进行加工。

c. 圆钢(也称工级筋)如需进行端头弯钩处理,其弯钩直径应不小于钢筋直径的 2.5 倍,如图 2.19 所示。

图 2.19　钢筋端头弯钩

d. 盘条钢筋在加工前应进行拉伸处理。

e. 加工钢筋时应检查其质量,凡有劈裂、缺损等伤痕的残段不得使用。

f. 短段钢筋允许接长用作分布筋(构造钢筋),其接续如图 2.20 所示。上覆主筋(受力钢筋)严禁有接头。

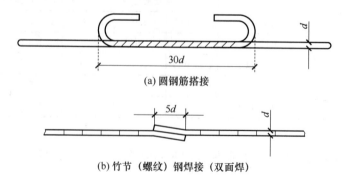

(a) 圆钢筋搭接

(b) 竹节（螺纹）钢焊接（双面焊）

图 2.20　短段钢筋搭接、焊接图

③ 钢筋排列的形状及各部分尺寸,主筋与分布筋的位置均应符合设计图纸的规定,严禁

倒置;主筋间距误差应不大于 5 mm,分布筋间距误差应不大于 10 mm。

④ 钢筋纵横交叉处应采用直径为 1.0 mm 或 1.5 mm 的铁线(俗称火烧丝)绑扎牢固,不滑动、不遗漏。

⑤ 使用接续的钢筋时,接续点应避开应力最大处,并应相互错开,不得集中在一条线上,同一根钢筋不得有一个以上的接续点。

⑥ 钢筋与模板的间距一般应为 20 mm,为保证钢筋与模板的间距相等,可在钢筋下垫以自制的混凝土块或砂浆块等,严禁使用木块、塑料等有机材料衬垫。

4. 管道基础

① 通信管道宜采用素混凝土基础,混凝土的标号、基础宽度、基础厚度应符合设计规定。凡设计规定管道基础使用预制基础板或加钢筋的段落,应按设计处理。

② 通信管道基础的中心线应符合设计规定,左右偏差不应大于 ±10 mm,高程误差不应大于 ±10 mm。

③ 管道基础宽度应比管道组群宽度加宽 100 mm(即每侧各宽 50 mm)。管道包封时,管道基础宽度应为管群两侧宽度各加包封厚度。基础包封宽度和厚度不应有负偏差。

④ 通信管道的基础除应符合设计规定外,遇有与设计文件不符的地质情况时,宜符合下列规定。

a. 水泥管道:

• 土质较好的地区(如硬土),挖好沟槽后夯实沟底;

• 土质稍差的地区,挖好沟槽后应做混凝土基础;

• 土质较差的地区(如松软不稳定地区),挖好沟槽后应做钢筋混凝土基础;

• 土质为岩石的地区,管道沟底要保证平整。

b. 塑料管道:

• 土质较好的地区(如硬土),挖好沟槽后夯实沟底,回填 50 mm 细砂或细土;

• 土质稍差的地区,挖好沟槽后应做混凝土基础,基础上回填 50 mm 细砂或细土;

• 土质较差的地区(如松软不稳定地区),挖好沟槽后应做钢筋混凝土基础,基础上回填 50 mm 细砂或细土,必要时要对管道进行混凝土包封;

• 土质为岩石的地区,挖好沟槽后应回填 200 mm 细砂或细土;

• 管道进入人孔或建筑物时,靠近人孔或建筑物侧应做不短于 2 m 的钢筋混凝土基础和包封。

⑤ 基础和包封应符合下列规定。

a. 主筋宜用直径为 10 mm 的热轧光面钢筋(HPB235 级),筋间中心间距宜为 80 mm 或 100 mm。

b. 分布筋宜用直径为 96 mm 的热轧光面钢筋(HPB235 级),筋间中心间距宜为 200 mm。

c. 主筋与分布筋的交叉点应采用直径为 1.0 mm 的铁线绑扎牢固,采用衬垫将钢筋定位于适当的高度,便于浇灌混凝土。

d. 混凝土基础的厚度宜为 80～100 mm;宽度按管群组合计算确定。混凝土包封的厚度宜为 80～100 mm。钢筋混凝土基础和包封的厚度宜为 100 mm。

e. 基础在浇灌混凝土之前,应检查核对钢筋的配置、绑扎、衬垫等是否符合规定,并应清除基础模板内的各种杂物;浇灌的混凝土应捣固密实,初凝后应覆盖草帘等覆盖物洒水养护;养护期满拆除模板后,应检查基础有无蜂窝、掉边、断裂、波浪、起皮、粉化、欠茬等缺陷,如有缺陷应认真修补,严重时应返工。

f. 在制作基础时,有关装拆模板、钢筋加工、混凝土浇筑、水泥砂浆等的内容,应按相关标准执行。

⑥ 通信管道基础进入建筑物或人(手)孔时,塑料管道靠近建筑物或人(手)孔处应做不短于 2 m 的钢筋混凝土基础和混凝土包封。管道基础宽度可按照表 2.10 和图 2.21 加配钢筋。钢筋应搭在窗口墙上,不小于 100 mm。

表 2.10　管道基础进入人(手)孔窗口处配筋表

管道基础宽度/mm	钢筋直径/mm	根数	长度/mm	总长/m
350	6	8	310	2.48
	10	4	1 565	6.26
460	6	8	420	3.36
	10	5	1 565	7.83
615	6	8	590	4.72
	10	7	1 565	11.00
735	6	8	690	5.52
	10	9	1 565	12.52
835	6	8	800	6.4
	10	9	1 565	14.09
880	6	8	840	6.72
	10	9	1 565	14.09
1 140	6	8	990	7.92
	10	11	1 565	17.16

⑦ 基础在浇灌混凝土之前,应检查核对加钢筋的段落位置是否符合设计规定,其钢筋的绑扎、衬垫等是否符合规定,并应清除基础模板内的杂草等物。

⑧ 通信管道基础的混凝土应振捣密实、表面平整、无断裂、无波浪、无明显接茬及欠茬,混凝土表面不起皮、不粉化。

5. 水泥管道敷设

① 水泥管道敷设前应检查管材及配件的材质、规格、程式和断面的组合,必须符合设计的规定。

② 改、扩建管道工程,不应在原有管道的两侧加扩管孔;在特殊情况下须在原有管道的一侧扩孔时,必须对原有的人(手)孔及原有光缆等进行妥善的处理。

③ 水泥管块的敷设应符合下列规定。

a. 管群的组合断面必须符合设计规定。

b. 水泥管块的顺向连接间隙不得大于 5 mm。上下两层管块间及管块与基础间的间隙应为 15 mm,允许偏差不大于 5 mm。

c. 管群的两层管及两行管的接续缝应错开。水泥管块接缝行间、层间均宜错开管长的 1/2,如图 2.22 和图 2.23 所示。

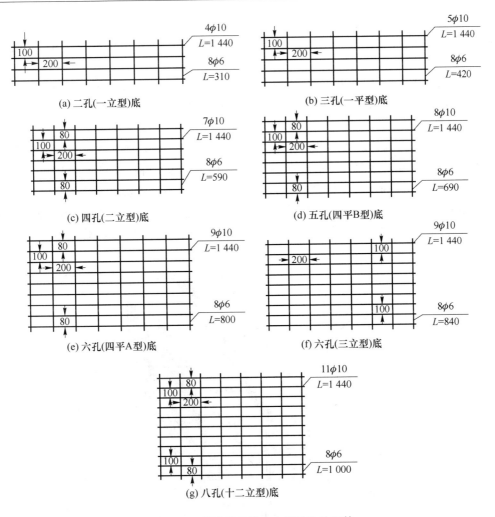

图 2.21　管道基础进入人(手)孔处配筋

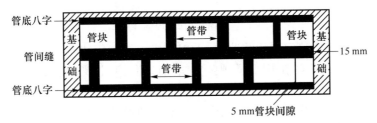

图 2.22　两行管块接缝错开

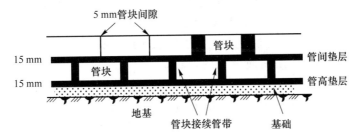

图 2.23　两层管块接缝错开

d. 水泥管道进入人孔窗口处应使用整根水泥管。

e. 水泥管块的弯管道及设计上有特殊技术要求的管道,其接续缝及垫层应符合设计规定。

④ 敷设水泥管道时,应在每个管块的对角管孔用两根拉棒试通管孔,拉棒外径应比管孔的标称孔径小 3～5 mm;拉棒长度:铺直线管道宜为 1 200～1 500 mm,铺弯管道(其曲率半径大于 36 m)宜为 900～1 200 mm。

⑤ 敷设水泥管道的管底垫层砂浆标号应符合设计要求,砂浆的饱满程度不应低于 95%,不得出现凹心,不得用石块等物垫管块的边、角。管块应平实铺卧在水泥砂浆垫层上。两行管块间的竖缝充填的水泥砂浆,其标号应符合设计的规定,充填的饱满程度不应低于 75%。管顶缝、管边缝、管底八字应抹 1:2.5 水泥砂浆;严禁使用铺管或充填管间缝的水泥砂浆进行抹堵,应黏结牢固、平整光滑、不空鼓、无欠茬、不断裂。抹顶缝、边缝及管底八字的情况如图 2.24 所示。

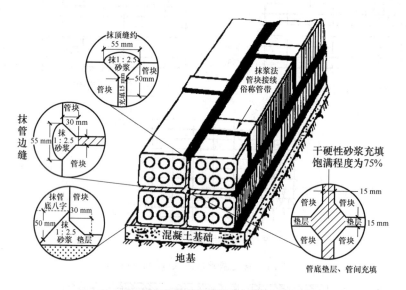

图 2.24 抹管顶缝、边缝、八字

⑥ 水泥管块的接续方法宜采用抹浆法,采用抹浆法接续管块时,所衬垫的纱布不应露在砂浆以外,水泥砂浆与管身黏结牢固、质地坚实、表面光滑、不空鼓、无飞刺、无欠茬、不断裂,并应符合下列规定。

a. 两管块接缝处应用宽为 80 mm(允许±10 mm 的误差),长为管块周长加 80～120 mm 的纱布均匀地包好。

b. 接缝纱布包好后,应先在纱布上刷清水,水要刷到管块饱和为止,再刷纯水泥浆。

c. 接缝纱布刷完水泥浆后,应立即抹 1:2.5 的水泥砂浆。

d. 纱布上抹的 1:2.5 水泥砂浆的厚度应为 12～15 mm,其下宽应为 100 mm,上宽应为 80 mm,允许正偏差不大于 5 mm,如图 2.25 所示。

⑦ 各种管道引入人(手)孔、通道的位置尺寸应符合设计规定,管顶距人(手)孔上覆、通道盖板底不应小于 300 mm,管底距人(手)孔、通道基础顶面不应小于 400 mm。

⑧ 引上管引入人(手)孔及通道时,应在管道引入窗口以外的墙壁上,不得与管道叠置。引上管进入人(手)孔、通道的位置宜在上覆、盖板下 200～400 mm 范围以内。

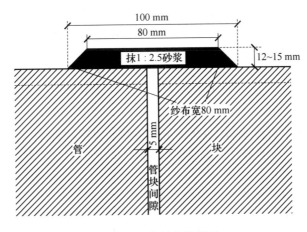

图 2.25　管块接续抹缝

⑨ 弯管道的曲率半径应符合设计要求,不宜小于 36 m,其水平或纵向弯管道各折点坐标或标高均应符合设计要求。弯管道应成圆弧状。

6. 塑料管道敷设

① 塑料管道的敷设应满足设计规定的各项要求,设计文件中无明确规定的内容,应符合本节的相关规定。

② 塑料管铺管及接续时,施工环境温度不宜低于 −5℃。

③ 塑料管道的组群应符合下列规定。

a. 管群应组成矩形,横向排列的管孔数宜为偶数,且宜与人(手)孔托板容纳的电缆数量相配合。

b. 矩形高度不宜小于宽度,但不宜超过一倍。

c. 管孔内径大的管材应放在管群的下边和外侧,管孔内径小的管材应放在管群的上边和内侧。

d. 多个多孔管组成管群时,宜选用栅格管、蜂窝管或梅花管,同一管群宜选用一种管型的多孔管,但可与波纹单孔管或水泥管等大孔径管组合在一起。

e. 多个多孔管组群时,管间宜留 10～20 mm 空隙,进入人孔时多孔管之间应留 50 mm 空隙,单孔波纹管、实壁管之间宜留 20 mm 空隙,所有空隙应分层填实。

f. 两个相邻的人孔之间的管位应一致,且管群断面应符合设计要求。

④ 管材材质的选择应符合下列规定。

a. 管材的规格和材质应符合国家现行标准和设计要求。

b. 正常的温度环境宜选用聚氯乙烯(PVC-U)塑料管,高寒环境宜选用高密度聚乙烯(HDPE)塑料管。

c. 在鼠害、白蚁地区,宜选用具有相应防护能力的塑料管。

d. 采用定向钻孔方式敷设管道时,宜采用高密度聚乙烯管。

e. 非埋地应用的塑料管,应采取防老化和防机械损伤等保护措施。

⑤ 管道敷设应符合下列规定。

a. 通信塑料管道与铁道的交越角不宜小于 60°。交越处距道岔、回归线的距离应大于 3 m;与铁道交越处当采用钢管时,应有安全设施。

b. 通信塑料管道的埋设深度（管顶至路面）：在人行道下不应小于 0.1 m，在车行道下不应小于 0.8 m；与轨道交越处（管顶到轨道底）不应小于 1.0 m；与铁道交越处（管顶至轨道底）不应小于 1.5 m。埋深达不到要求时，应加保护措施。

c. 管道进入人孔处，管道顶部距人孔内上覆顶面的净距不得小于 300 mm，管道底部距人孔底板的净距不得小于 400 mm。引上管进入人孔处宜在上覆顶下面 200～400 mm 范围内，并与管道进入的位置错开。

d. 通信塑料管道宜设在冻土层下，在地基或基础上面均应设 50 mm 垫层，垫层应用细砂或细土。在严寒且水位较低的地区将管道敷设在冻土层内时，宜在塑料管群周围填充粗砂，且围护厚度不宜小于 200 mm。

e. 通信塑料管道的段长应按相邻的两个人孔的中心点间距确定。直线管道的段长不应大于 200 m，高等级公路上的直线管道段长不应大于 250 m；弯曲管道的段长不应大于 150 m。

f. 弯曲管道的曲率半径不应小于 10 m，弯管道的转向角度应尽量小，同一段管道不应有反向弯曲（即"S"形弯）或弯曲部分的转向角度大于 90° 的弯管道（即"U"形弯）。弯曲管道如图 2.26 所示。

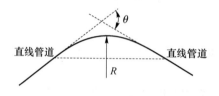

图 2.26　弯曲管道示意

g. 在特殊情况下，当拱高 $H \leqslant 500$ mm 时，为局部躲避障碍物，可允许按照图 2.27 所示进行施工。

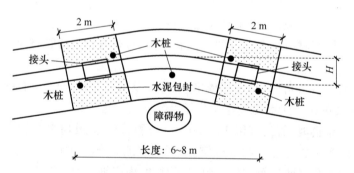

图 2.27　弯曲管道包封及敷设示意（$H \leqslant 500$ mm）

弯曲管道的接头应尽量安排在直线段内，无法避免时，应将弯曲部分的接头进行局部包封，包封长度不宜小于 500 mm，也可将弯曲部分的管道进行全包封，包封的厚度宜为 80～100 mm。严禁将塑料管加热弯曲。

h. 管道进入人（手）孔时，管口不应凸出人（手）孔内壁，应终止在距墙体内侧 100 mm 处，并应严密封堵，管口做成喇叭口。管道基础进入人（手）孔时，在墙体上的搭接长度不应小于 140 mm。

i. 塑料管应由人工传递放入沟内，严禁翻滚入沟或用绳索穿入孔内吊放。

⑥ 塑料管的连接应符合下列规定。

a. 塑料管的连接宜采用承插式黏接、承插弹性密封圈连接和机械压紧管体连接，承插式管接头的长度不应小于 200 mm。

b. 塑料管材的标志面应在上方。

c. 多孔塑料管的承插 1∶1 的内外壁应均匀涂刷专用中性胶合黏剂,最小黏度为 500 MPa・s,塑料管应插到底,挤压固定。

d. 各塑料管的接头宜错开排列,相邻两管的接头之间错开距离不宜小于 300 mm;弯曲管道弯曲部分的管接头应采取加固措施。

e. 栅格管、波纹管、硅芯管组成的管群应间隔 3 m 左右用勒带绑扎一次,蜂窝管或梅花管宜用支架分层排列整齐。塑料管群不超过两层时,整体绑扎;大于两层时,相邻两层为一组进行绑扎,然后整体绑扎。

f. 塑料管的切割应根据管径大小选用不同规格的裁管刀,管口断面应垂直于管中心,并应平直、无毛刺。

g. 单孔波纹塑料管的接续宜选用承插弹性密封圈连接。进行接续作业时,先检查密封圈是否完好,并将承插的内、外口清理干净,不得残留淤泥、杂物,然后将密封圈放置在承插 1∶1 的中间的一个波纹槽内,方向不应放反,在承口内涂少量肥皂水,将插口端对准承口插入,直至牢固。将 B 管插口插入 A 管承口的示意如图 2.28 所示。

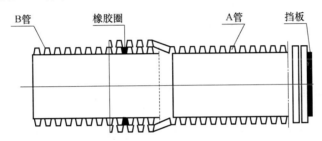

图 2.28　B 管插口插入 A 管承口的示意

7. 钢管敷设

① 钢管通信管道的敷设方法、断面组合等均应符合设计规定;钢管接续宜采用套管焊接,并应符合下列规定。

a. 两根钢管应分别旋入套管长度的 1/3 以上。

b. 使用有缝管时,应将管缝置于上方。

c. 钢管在接续前,应将管口磨圆或锉成坡边,保证光滑无棱、无飞刺。

② 各种引上钢管引入人(手)孔、通道时,管口不应凸出墙面,应终止在墙体内 30～50 mm 处,并应封堵严密、抹出喇叭口。

2.3.2　人(手)孔的敷设

＜主要考点＞

- 能支撑管道沟、坑、槽、人(手)孔挡土板(五级)
- 能安装人(手)孔内铁件(四级)
- 人(手)孔铁件安装要求(四级)
- 各种人(手)孔的型号和尺寸标准(四级)
- 人(手)孔常用钢筋和铁件的规格和型号(四级)
- 能编排、绑扎各种型号的人(手)孔上覆钢筋(四级)

- 砌筑人(手)孔施工规范(三级)
- 人(手)孔上覆标准和要求(三级)
- 能砌筑人(手)孔(三级)
- 能抹人(手)孔内壁(三级)
- 能安装人(手)孔上覆(三级)

＜主要内容＞

1. 人(手)孔的位置

人(手)孔的位置一般不宜选在下列地点。

① 重要的公共场所(如车站、娱乐场所等)或交通繁忙的房屋建筑门口(如汽车库、消防队、厂矿企业、重要机关等)。

② 影响交通的路口。

③ 极不坚固的房屋或其他建筑物附近。

④ 有可能堆放器材或其他有覆盖可能的地点。

⑤ 消火栓、污水井、自来水井等地点附近。

2. 人(手)孔类型

人孔分为直通型人孔、拐弯型人孔、分歧型人孔、扇型人孔、局前型人孔和特殊型人孔等。直通型人孔包括长方形人孔和腰鼓形人孔两种。手孔一般为长方形。人(手)孔的外形如图 2.29 所示。人孔除扇型人孔和特殊人孔外,又分为大号和小号。大号人孔用于管孔较多的管道上;小号人孔用于管孔较少的管道上。腰鼓形人孔消耗的材料要比长方形人孔少一些,因为在同样的基本尺寸下,腰鼓形人孔的周边尺度一般约小 10%～15%,通过计算,腰鼓形人孔的侧壁厚度比长方形人孔的侧壁厚度也可以小一些,一般长方形砖砌人孔壁厚为 37 cm,而腰鼓形砖砌人孔壁厚为 24 cm。标准型各型号人孔尺寸如表 2.11 所示。

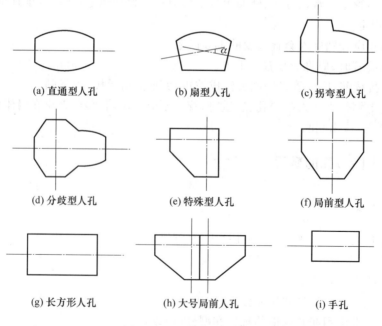

(a) 直通型人孔　　　　(b) 扇型人孔　　　　(c) 拐弯型人孔

(d) 分歧型人孔　　　　(e) 特殊型人孔　　　　(f) 局前型人孔

(g) 长方形人孔　　　　(h) 大号局前人孔　　　　(i) 手孔

图 2.29　人(手)孔的外形

表 2.11　标准型各型号人孔尺寸

单位:mm

人孔型号		长	宽	高	上覆厚度			四壁厚度	基础厚度
					端部	中部	分歧端		
小号	直通型	2 880	2 080	1 800	150	150	150	240	120
	三通型	3 880	2 230	2 000	150	150	200	240	120
	四通型	3 880	2 380	2 000	150	150	200	240	120
	30°斜通型	3 440	2 090	1 800	150	150	150	240	120
	45°斜通型	3 240	2 080	1 800	150	150	150	240	120
	60°斜通型	3 560	2 080	1 800	150	150	150	240	120
中号	直通型	3 280	2 180	1 800	150	150	150	240	150
	三通型	4 640	2 590	2 000	150	150	200	370	150
	四通型	4 640	2 740	2 000	150	150	200	370	150
	30°斜通型	3 920	2 230	1 800	200	200	200	240	150
	45°斜通型	3 870	2 180	1 800	150	150	150	240	150
	60°斜通型	4 310	2 440	1 800	150	150	150	370	150
大号	直通型	4 240	2 540	2 000	200	200	200	370	150
	三通型	5 440	2 690	2 200	150	200	200	370	150
	四通型	5 440	2 840	2 200	150	200	200	370	150
	30°斜通型	4 970	2 540	2 000	200	200	200	370	150
	45°斜通型	5 130	2 540	2 000	200	200	200	370	150
	60°斜通型	5 160	2 540	2 000	200	200	200	370	150

3. 人(手)孔及通道建筑的一般规定

① 砖、混凝土砌块(以下简称砌块)砌筑前应充分浸湿,砌体面应平整、美观,不应出现竖向通缝。

② 砖砌体砂浆饱满程度应不低于 80%,砖缝宽度应为 8~12 mm,同一砖缝的宽度应一致。

③ 砌块砌体横缝应为 15~20 mm,竖缝应为 10~15 mm,横缝砂浆饱满程度应不低于 80%,竖缝灌浆必须饱满、严实,不得出现跑漏现象。

④ 砌体必须垂直,砌体顶部四角应水平一致;砌体的形状、尺寸应符合设计图纸的要求。

⑤ 设计规定抹面的砌体,应将墙面清扫干净,抹面应平整、压光、不空鼓,墙角不得歪斜,抹面厚度、砂浆配比应符合设计规定。勾缝的砌体,其勾缝应整齐均匀,不得空鼓,不应脱落或遗漏。

⑥ 通道的建筑规格、尺寸、结构形式,通道内设置的安装铁件等均应符合设计图纸的规定。一般局(站)内主机房引出建筑物的通道,不应越出局(站)院墙,局(站)以外的通信用浅埋通道的内部净高宜为 1.8 m。

⑦ 对于通信管道的弯管道,当水泥管道曲率半径小于 36 m 时宜改为通槽。

4. 人(手)孔、通道的地基与基础

① 人(手)孔、通道的地基应按设计规定处理,如系天然地基必须按设计规定的高程进行夯实、抄平。人(手)孔、通道采用人工地基时,必须按设计规定处理。

② 人(手)孔、通道基础支模前,必须校核基础形状、方向、地基高程等。

③ 人(手)孔、通道基础的外形、尺寸应符合设计图纸规定,其外形偏差应不大于±20 mm,厚度偏差应不大于±10 mm。

④ 基础的混凝土标号、配筋等应符合设计规定。浇灌混凝土前,应清理模板内的杂草等物,并按设计规定的位置挖好积水罐安装坑,其大小应比积水罐外形四周大 100 mm,坑深比积水罐高度深 100 mm;基础表面应从四周向积水罐做 20 mm 泛水,如图 2.30 所示。

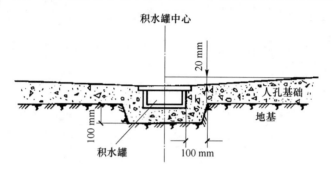

图 2.30 人(手)孔、通道基础断面

⑤ 设计文件对人(手)孔、通道地基与基础有特殊要求(如提高混凝土标号、加配钢筋、防水处理及安装地线等)时,均应按设计规定办理。

5. 墙体

① 人(手)孔、通道内部净高应符合设计规定,墙体的垂直度(全部净高)允许偏差应不大于±10 mm,墙体顶部高程允许偏差不应大于±20 mm。

② 墙体与基础应结合严密、不漏水,结合部的内外侧应用1:2.5 水泥砂浆抹八字,基础进行抹面处理的可不抹内侧八字角,如图 2.31 所示。抹墙体与基础的内、外八字角时,应严密、贴实、不空鼓、表面光滑、无欠茬、无飞刺、无断裂。

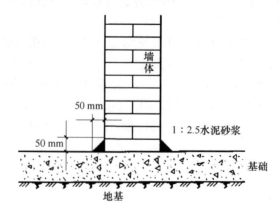

图 2.31 基础与墙体抹八字

③ 砌筑墙体的水泥砂浆标号应符合设计规定;设计无明确要求时,应使用不低于 M7.5

的水泥砂浆。通信管道工程的砌体严禁使用掺有白灰的混合砂浆进行砌筑。

　　④ 人(手)孔、通道墙体的预埋件应符合下列规定。

　　a. 电缆支架穿钉的预埋：

　　• 穿钉的规格、位置应符合设计规定,穿钉与墙体应保持垂直,如图 2.32 所示；

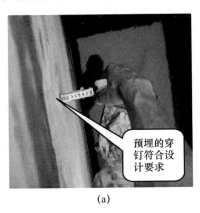

预埋的穿钉符合设计要求

穿钉预埋、积水坑符合设计要求

(a)　　　　　　　　　　　　　(b)

图 2.32　穿钉的预埋

　　• 上、下穿钉应在同一垂直线上,允许垂直偏差不应大于 5 mm,间距偏差应小于 10 mm；

　　• 相邻两组穿钉的间距应符合设计规定,偏差应小于 20 mm；

　　• 穿钉露出墙面的长度应适度,应为 50～70 mm;露出部分应无砂浆等附着物,穿钉螺母应齐全有效；

　　• 穿钉的安装必须牢固。

　　b. 拉力(拉缆)环的预埋：

　　• 拉力(拉缆)环的安装位置应符合设计规定,一般情况下应与对面管道底保持 200 mm 以上的间距；

　　• 露出墙面部分应为 80～100 mm；

　　• 安装必须牢固。

　　⑤ 管道进入人(手)孔、通道的窗口位置应符合设计规定,允许偏差不应大于 10 mm；管道端至墙体面应呈圆弧状的喇叭口；人(手)孔、通道内的窗口应堵抹严密,不得浮塞,应外观整齐、表面平光。管道窗口外侧应填充密实,不得浮塞,表面应整齐。

　　⑥ 管道窗口宽度大于 700 mm 时,或使用承重易形变的管材(如塑料管等)的窗口外,应按设计规定加过梁或窗套。

6. 人(手)孔上覆及通道沟盖板

　　① 人(手)孔上覆(以下简称上覆)及通道沟盖板(以下简称盖板)的钢筋型号、加工、绑扎、混凝土的标号应符合设计图纸的规定。

　　② 上覆、盖板外形尺寸、设置的高程应符合设计图纸的规定,外形尺寸偏差不应大于 20 mm,厚度允许的最大负偏差不应大于 5 mm,预留的位置及形状应符合设计图纸的规定。

　　③ 预制的上覆、盖板两板之间的缝隙应尽量缩小,其拼缝必须用 1∶2.5 砂浆堵抹严密,不空鼓、不浮塞、外表平光、无欠茬、无飞刺、无断裂。人(手)孔、通道内顶部不应有漏浆等现象,板间拼缝的抹堵如图 2.33 所示。

　　④ 上覆、盖板混凝土达到设计规定的强度以后方可承受荷载或吊装、运输。

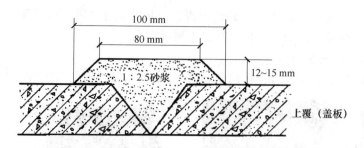

图 2.33　板间拼缝断图

⑤ 上覆、盖板底面应平整、光滑、不露筋,无蜂窝等缺陷。

⑥ 上覆、盖板与墙体搭接的内、外侧,应用 1∶2.5 的水泥砂浆抹八字角,上覆、盖板直接在墙体上浇灌的可不抹角。八字抹角应严密、贴实、不空鼓、表面光滑、无欠茬、无飞刺、无断裂。上覆、盖板与墙体抹角如图 2.34 所示。

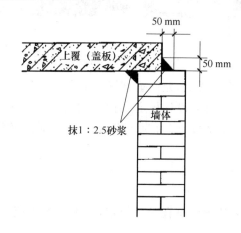

图 2.34　上覆、盖板与墙体抹角

7. 口圈和井盖

① 人(手)孔口圈顶部高程应符合设计规定,允许正偏差不应大于 20 mm。

② 稳固口圈的混凝土(或缘石、沥青混凝土)应符合设计图纸的规定,自口圈外沿应向地表做相应的泛水。

③ 人孔口圈与上覆之间宜砌不小于 200 mm 的口腔(俗称井脖子);人孔口腔应与上覆预留洞口形成同心的圆筒状,口腔内、外应抹面。口腔与上覆搭接处应抹八字,八字抹角应严密、贴实、不空鼓、表面光滑、无欠茬、无飞刺、无断裂。

④ 人(手)孔口圈应完整无损,必须按车行道、人行道等不同场合安装相应的口圈,但允许人行道上采用车行道的口圈。

⑤ 通信管道工程在正式验收之前,所有装置必须安装完毕,齐全有效。

8. 人(手)孔铁件安装及混凝土构件浇筑

① 模板的规格、形状和尺寸应与设计图纸相符,强度、刚度和稳定性好,干净、无空隙。

② 钢筋预制和绑扎应符合设计图纸的要求。

③ 受力主钢筋严禁有接头,短段钢筋允许接长用作分布筋。

④ 钢筋排列的形状及各部分尺寸、主筋与分布筋的位置均应符合设计图纸的规定,严禁

倒置；主筋间距误差应不大于 5 cm，分布筋间距误差应不大于 10 cm。

⑤ 钢筋纵横交叉处绑扎牢固，不得漏绑、滑动；钢筋接续点不得超过一个，接续点应避开应力最大处，并应相互错开，不得集中在一条线上。

⑥ 钢筋与模板的间距一般应为 20 mm，为保持钢筋与模板的间距相等，可在钢筋下垫以自制的混凝土块或砂浆块等，严禁使用木板、塑料等有机材料衬垫。

⑦ 混凝土的配比应符合设计要求，混凝土的搅拌必须均匀。人孔上覆的浇筑如图 2.35 所示。

（a）　　　　　　　　　　　　（a）

图 2.35　人孔上覆的浇筑

2.4　管道开挖与回填

<主要考点>

* 沟、坑、槽放坡知识（五级）
* 能对沟、坑、槽进行放坡（五级）
* 能对沟底土质进行更换（五级）
* 能将管道两腮、顶部夯实（五级）
* 能制作沟、坑、槽基础（四级）
* 能恢复沟、坑、槽路面（四级）

<主要内容>

2.4.1　挖掘沟（坑）

① 通信管道施工中，遇到不稳定土壤或有腐蚀性的土壤时，施工单位应及时提出，待有关单位提出处理意见后方可施工。

② 管道施工开挖时，遇到地下已有其他管线平行或垂直距离接近时，应按设计规范的规定核对相互间的最小净距是否符合标准。如发现不符合标准或危及其他设施安全，应向建设

单位反映,在未取得建设单位和产权单位同意时,不得继续施工。

③ 挖掘沟(坑)时如发现埋藏物,特别是文物、古墓等,必须立即停止施工,并负责保护现场,与有关部门联系,在未得到妥善解决之前,施工单位等严禁在该地段内继续工作。

④ 施工现场条件允许、土层坚实及地下水位低于沟(坑)底且挖深超过 3 m 时,可采用放坡法施工。放坡挖沟(坑)的坡度与深度的关系按表 2.12 的要求执行,如图 2.36 所示。

表 2.12 放坡挖沟(坑)的坡度与深度的关系

土壤类别	H:D	
	$H<2\text{ m}$	$2\text{ m}<H<3\text{ m}$
黏土	1:0.10	1:0.15
砂黏土	1:0.15	1:0.25
砂质土	1:0.25	1:0.50
瓦砾、卵石	1:0.50	1:0.75
炉渣、回填土	1:0.75	1:1.00

注:H 为深度,D 为放坡(一侧的)宽度。

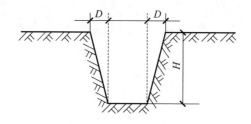

图 2.36 放坡挖沟(坑)

⑤ 当管道沟及人(手)孔坑深度超过 3 m 时,应适当增设倒土平台(宽 400 mm)或加大放坡系数,如图 2.37 所示。

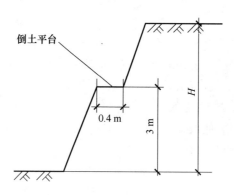

图 2.37 增设倒土平台

⑥ 挖掘不需要支撑护土板的人(手)孔坑时,坑的平面形状应与人(手)孔形状相同,坑的侧壁与人(手)孔外壁的外侧间距不应小于 0.4 m,其放坡应按表 2.12 执行。

⑦ 挖掘需要支撑护土板的人(手)孔坑时,宜挖矩形坑,人(手)孔坑的长边与人(手)孔壁长边的外侧(指最大宽度处)间距不应小于 0.3 m,宽不应小于 0.4 m。

⑧ 通信管道工程的沟(坑)挖成后,凡遇被水冲泡的,必须重新进行人工地基处理,否则,

严禁进行下一道工序的施工。

⑨ 凡设计图纸标明需支撑护土板的地段,均应按照设计文件的规定进行施工;设计文件中没有具体规定的,遇下列地段应支撑护土板。

a. 横穿车行道的管道沟。

b. 沟(坑)的土壤是松软的回填土、瓦砾、砂土、级配砂石层等。

c. 沟(坑)土质松软且其深度低于地下水位。

d. 施工现场条件所限无法采用放坡法施工而需要支撑护土板的地段,或与其他管线平行较长且相距较小的地段等。

⑩ 挖沟(坑)接近设计的底部高程时,应避免挖掘过深破坏土壤结构,如挖深超过设计标高 100 mm,应填铺灰土或级配砂石并夯实。

⑪ 通信管道工程施工现场堆土应符合下列要求。

a. 开凿的路面及挖出的石块等应与泥土分别堆置。

b. 堆土不应紧靠碎砖或土坯墙,并应留有行人通道。

c. 城镇内的堆土高度不宜超过 1.5 m。

d. 堆置土不应压埋消火栓、闸门、电缆(光缆)线路标石以及热力、煤气、雨(污)水等管线的检查井、雨水口及测量标志等设施。

e. 堆土的坡脚边应距沟(坑)边 40 cm 以上。

f. 堆土的范围应符合市政、市容、公安等部门的要求。

⑫ 挖掘通信管道沟(坑)时,严禁在有积水的情况下作业,必须将水排放后进行挖掘工作。

⑬ 挖掘通信管道沟(坑)施工现场,应设置红白相间的临时护栏或醒目的标志。

⑭ 室外最低气温在 −50 ℃时,对所挖的沟(坑)底部应采取有效的防冻措施。

2.4.2　回填土

① 通信管道工程的回填土,应在管道或人(手)孔按施工顺序完成施工内容并经 24 小时养护和隐蔽工程检验合格后进行。

② 回填土前,应先清除沟(坑)内的遗留木料、草帘、纸袋等杂物。沟(坑)内如有积水和淤泥,必须在排除后进行回填土。

③ 通信管道工程的回填土,除设计文件有特殊要求外,应符合下列规定。

a. 在管道两侧和顶部 300 mm 范围内,应采用细砂或过筛细土回填。

b. 管道两侧应同时进行回填土,每回填 150 mm 厚,应夯实。

c. 管道顶部 300 mm 以上,每回填 300 mm 厚,应夯实。

④ 通信管道工程挖明沟穿越道路的回填土,应符合下列要求。

a. 市内主干道路的回填土夯实,应与路面平齐。

b. 市内一般道路的回填土夯实,应高出路面 50～100 mm,郊区土地上的回填土,可高出地表 150～200 mm。

⑤ 人(手)孔坑的回填土应符合下列要求。

a. 在路上的人(手)孔坑两端管道回填土,应按照要求执行。

b. 靠近人(手)孔壁四周的回填土内,不应有直径大于 100 mm 的砾石、碎砖等坚硬物。

c. 人(手)孔坑每回填 300 mm,应夯实。

d. 人(手)孔坑的回填土严禁高出人(手)孔口圈的高程。

⑥ 管道及人(手)孔坑夯实密实度应符合当地市政部门施工的有关规定。

⑦ 在修复通信管道施工挖掘的路面之前,如回填土出现明显的坑、洼,通信管道的施工单位应按照市政部门的要求及时处理。

⑧ 通信管道工程回填土完毕,应及时清理现场的碎砖、破管等杂物。

课后练习

1. 根据工程性质,土壤可分为哪几类?

2. 顶管施工设备一般包括哪些?

3. 通信管道的坡度类型有哪些?

4. 管道地基的分类有哪几种?

5. 人工地基的加固方式有哪几种?

6. 哪些地方不能设置人孔?

7. 人孔的类型有哪些?

8. 简述放坡挖沟的坡度与深度的关系。

9. 通信管道工程的回填土的基本要求有哪些?

10. 控制管道的中线和高程位置的方法主要有哪些?

第3章 杆线施工与维护

3.1 杆线线路知识

3.1.1 杆路基础知识

<主要考点>

• 杆路的基础知识(五级)

<主要内容>

架空杆路因具有工程造价低、易于施工和维护等优点,被广泛运用。本节主要介绍杆路的组成、常用杆线材料与铁件等内容。

1. 杆路的组成

通信架空杆路主要由通信电杆、夹板、吊线、挂钩、拉线、拉线衬环、拉线抱箍、夹板、地锚、避雷线以及其他辅助部件等组成,如图3.1所示。值得注意的是,杆路所处的场合不同,其组成结构所用到的杆线材料与铁件也有所区别。

2. 常用杆线材料与铁件

常用的杆线材料与铁件主要分为电杆和架空线路铁件两大类。

(1)电杆

电杆是通信线路架空杆路的主要材料。我国过去常用的是木电杆,为节约木材,现规定原则上应不再使用,目前已广泛采用钢筋混凝土电杆。根据规定,通信线路应使用环形预应力钢筋混凝土电杆(简称混凝土杆或水泥杆)。杆高需要超过12 m的跨越处或有特殊需要的场合,其杆高较为特殊,可用等径混凝土杆拼接组成。

1)钢筋混凝土电杆的种类

钢筋混凝土电杆的分类方法较多,一般有以下几种分类方法。

按外形可分为锥形杆(又称拔梢杆)和等径杆两种。二者均为离心环形钢筋混凝土电杆。锥形杆的锥度为1/75;等径杆的梢径和根径相同。

按配制钢筋的强度和处理方式,可分为非预应力钢筋混凝土电杆(又称普通钢筋混凝土电杆)和预应力钢筋混凝土电杆两种类型。

按电杆的断面形式可分为离心式环形、工字形和双肢形等。目前常用的是离心式环形电杆。

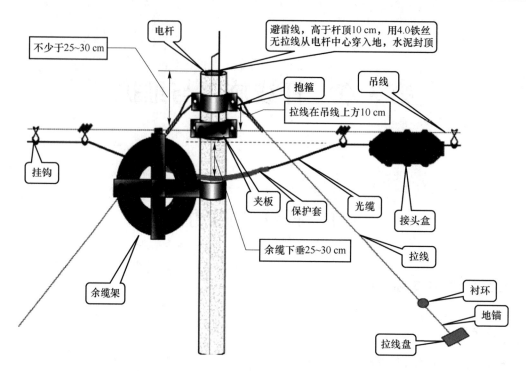

图 3.1　杆路组成结构示意图

由于使用单位的要求和电杆的用途不同,目前,钢筋混凝土电杆有铁路通信用、电力用和邮电用等多种类型和规格。虽然国家已将相同的部分统一,制定国家通用的标准,但保留各个部门的特点和要求,因而各个部门仍有不同规格。

2) 通信用钢筋混凝土电杆的规格

根据《邮电通信用离心环形钢筋混凝土电杆技术标准》,离心环形钢筋混凝土电杆包括非预应力钢筋混凝土电杆(普通环形钢筋混凝土电杆)和预应力钢筋混凝土电杆两种。如电杆的长度需超过 12 m,可采用电力部门的 15 m 或等径分段电杆,但第一节电杆的长度应约为 9 m。

离心环形非预应力钢筋混凝土电杆的锥度为 1/75,是环形拔梢杆。电杆的编号表示方法:YD 杆长-梢径-容许弯矩。杆长的单位为米;梢径的单位为厘米;容许弯矩的单位为吨-米(t-m)。

对于离心环形预应力钢筋混凝土电杆,电杆的外形和锥度等与非预应力钢筋混凝土电杆相同。电杆梢径有 15 和 17 两种。不论何种混凝土电杆,如需预留穿钉孔,其位置与孔径应视市话线路用途决定,一般预留两个方向的穿钉孔,分别供装设线担或吊线夹板使用。若采用钢箍固定的方法,则不必预留洞孔。预留穿钉孔时一般不用焊管法。

3) 工程实际中水泥电杆的表示

杆高(m)/梢径(cm)〔或杆高(m)×梢径(cm)〕,如 7/13 表示杆高为 7 m,梢径为 13 cm。

(2) 架空线路铁件

架空线路的铁件品种很多,如穿钉、夹板、U 型钢绞线卡子、抱箍、铁线、钢绞线、吊线钢担、地锚等。

1) 穿钉

穿钉主要用于架空线路的各个紧固连接部分。穿钉按头部形状可分为带头穿钉带螺母垫片和无头穿钉带螺母垫片两类,每类又分若干个规格,如图 3.2 所示。

(a) (b)

图 3.2 穿钉

2）拉线调整螺丝

拉线调整螺丝(又称拉线双螺旋、花篮螺旋)主要用于调整拉线的松紧程度,如图 3.3 所示。

图 3.3 拉线调整螺丝

3）抱箍

拉线抱箍(拉抱)是钢筋混凝土电杆上装置拉线用的零件,采用普通碳素钢制成,钢箍和穿钉均应镀锌。按电杆梢径和拉线装置在电杆上的位置,选用相应的规格。吊线抱箍(吊抱)是钢筋混凝土电杆上安装吊线夹板用的零件,采用普通碳素钢制成,钢箍和穿钉均应镀锌。按电杆梢径和吊线装置在电杆上的位置,选用相应的规格。钢筋混凝土电杆如埋在松软土质中,为增大电杆抵抗倾覆的能力,可在

图 3.4 抱箍

地面下安装卡盘。卡盘 U 型抱箍是将卡盘紧固在钢筋混凝土电杆上的零件。抱箍如图 3.4 所示。

4）衬环

衬环(又称三角圈、心形圈)用碳素钢制造,并全部涂锌,主要用于拉线的制作、吊线的接续,如图 3.5 所示。

图 3.5 衬环(三股、五股、七股)

5）拉线地锚

拉线地锚主要用于安装固定拉线，分为钢地锚和螺栓拉线地锚两种，如图3.6所示。地锚铁柄用普通碳素钢制造，表面全部镀锌，不允许有锈蚀、裂缝等缺点。地锚铁柄环眼部分必须锻接坚实，其他部分不应有锻接。

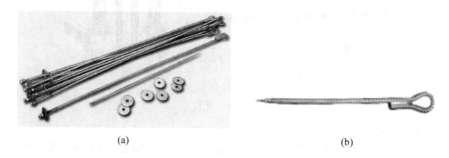

　　(a)　　　　　　　　　　　　　　　　(b)

图 3.6　拉线地锚

6）撑杆用椭圆钢箍和撑杆用拉线条

椭圆钢箍和拉线条是撑杆与钢筋混凝土电杆的连接结构的装置零件。椭圆钢箍和拉线条采用扁钢制成，表面须全部镀锌。

7）镀锌钢绞线

镀锌钢绞线由7根单股钢丝组成，其钢丝成分为普通碳素钢，钢丝均镀锌，弯曲性能较低，适用于承受一般静荷载（如架空电缆吊线或拉线等处），不能用于承受动荷载（如起重等场合），也不能用于弯曲过大或经常捆扎和扭转的场所。镀锌钢绞线的规格有7/2.0、7/2.2、7/2.6、7/3.0等，如图3.7所示。

图 3.7　镀锌钢绞线

8）镀锌铁线

镀锌铁线用于绑扎、紧固、连接，如图3.8所示。

图 3.8　镀锌铁线

9）挂钩

挂钩主要用于在吊挂式架空敷设时承托光缆,分为有锌托的和无锌托的两种,如图 3.9 所示。有锌托的挂钩承托缆线的面积较大,但易积灰。无锌托的挂钩承托面积较小,不积灰和水汽,对缆线不会造成腐蚀。

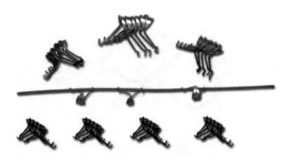

图 3.9　挂钩

10）钢绞线夹板

钢绞线夹板分为三眼单槽钢绞线夹板、三眼双槽钢绞线夹板和单眼地线夹板三种,其外形如图 3.10 所示。钢绞线夹板部分用可锻铸铁或普通碳素钢制造,穿钉及螺母用普通碳素钢制造。三眼单槽夹板用于固定钢绞线夹(又称吊线夹板),三眼双槽夹板用于钢绞线的接续,单眼地线夹板用于地线的安装。

(a)　　　　　　　　　　　　　　　　　(b)

图 3.10　夹板

11）U 型钢绞线卡子

U 型钢绞线卡子(又称镀锌钢丝绳轧头、钢索卡等)的作用与三眼双槽钢绞线夹板相同,如图 3.11 所示。

图 3.11　U 型钢绞线卡子

12）上杆钉

上杆钉装设在电杆上,供维护人员上、下电杆用。上杆钉分为固定上杆钉和活动上杆钉两类,固定上杆钉用在木电杆或钢筋混凝土电杆上,活动上杆钉主要用在钢筋混凝土电杆上,如图 3.12 所示。

图 3.12　上杆钉

13）吊线钢担

吊线钢担用于在钢筋混凝土电杆上架挂吊线,采用 $50 \times 50 \times 50$ 的等边角钢制成,表面要求全部镀锌。配套零件为 $\phi 12$ 径 U 型抱箍一个。

14）顺墙担、终端支撑、转角拉攀

顺墙担、终端支撑、转角拉攀主要用于墙壁架空,安装固定吊线,如图 3.13 所示。

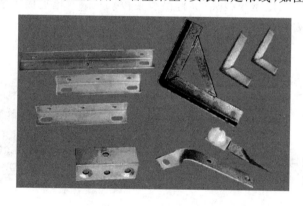

图 3.13　顺墙担、终端支撑、转角拉攀

15）钢筋混凝土部件

① 卡盘。钢筋混凝土电杆在个别角深很小、负载很轻,且装设拉线确有困难时,可以采用加装卡盘的方法,如图 3.14 所示。

图 3.14　卡盘

② 底盘。钢筋混凝土电杆由于自重较大,在土质松软地区以及装有拉线的终端杆和角杆应在电杆根部垫以底盘,底盘有方型和圆型两种,方型的重量较轻,使用材料较少,圆型的较重,但与电杆底部能较密切配合,如图 3.15 所示。

图 3.15　底盘

③ 拉线盘。拉线盘用作拉线地锚,可就地制造和使用,如图 3.16 所示。

图 3.16　拉线盘

3.1.2　杆路作业规程

＜主要考点＞

• 杆路作业规程(五级)

＜主要内容＞

杆路施工作业程序与一般的光缆线路施工程序相同,可以分为 8 个阶段,分别是单盘检验、路由复测、光缆配盘、路由准备、敷设布放、接续安装、中继测试、竣工验收,如图 3.17 所示。

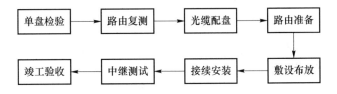

图 3.17　施工程序示意图

单盘检验包括对运到现场的光缆、连接器材及其他材料的规格、程式、数量进行核对、清点、外观检查和光电主要特性的测量,其主要目的是确保工程工期、施工质量,保证通信质量、工程经济效益及线路的使用寿命等。

路由复测是指以施工图为依据,对沿线路由进行必不可少的测量、复核。路由复测的主要内容包括:按设计要求核定光缆路由走向、敷设方式、环境条件以及中继站站址;丈量、核定中继段间的地面距离;管道路由复测,测出各人孔间的距离;核定穿越铁道、公路、河流、水渠以及其他障碍物的技术措施及地段,并核定设计中各具体措施实施的可能性;核定防机械损伤、防雷、防蚁、防强电、防腐蚀等地段的长度、措施及实施的可能性;核定、修改施工图设计;核定关于青苗、园林等赔补地段、范围以及对困难地段"绕行"的可能性;注意观察地形地貌,初步确定接头位置的环境条件;为光缆配盘、光缆分屯及敷设提供必要的数据资料。

光缆配盘是指根据路由复测计算出的光缆敷设总长度以及光纤全程传输质量要求,科学选择配置单盘光缆,主要目的是合理使用光缆,减少光缆接头和降低接头损耗,以节省光缆和提高光缆通信工程的质量。

路由准备的主要目的是为工程的顺利进行和光缆的安全敷设提供便利条件。

敷设布放是根据拟定的敷设方式,将单盘光缆布放到规定位置的过程。

接续安装主要包括光纤接续(若有铜导线则也包括铜导线的接续)、加强芯的连接、接头损耗的测量、接头套管的封装以及接头保护与固定等。

中继测试主要包括光纤特性(如光纤的总衰减等)的测试(若有铜导线则也包括铜导线的电性能的测试)以及对地绝缘测试等。

竣工验收包括提供施工图、修改路由图及测量数据等技术资料,并做好随工检验和竣工验收工作,以提供合格的光纤线路,确保系统的调测。

3.2 杆路的架设安装

3.2.1 杆路的测量

<主要考点>

- 杆路测量的一般方法和要求(四级)
- 角深及其测量方法(三级)
- 施工图纸的识别方法以及图例的含义(四级)
- 杆路路由图知识(三级)

<主要内容>

1. 通信线路测量概述

(1) 施工图测量概述

勘察是工程设计工作的重要环节,勘察测量后所得到的资料是设计的基础。通过现场实地勘测,获取工程设计所需要的各种业务、技术和经济方面的有关资料,并在全面调查研究的基础上,结合初步拟定的工程设计方案,会同有关专业和单位,认真进行分析、研究、讨论,能为确定具体设计方案提供准确和必要的依据。实地勘测后,当发现与设计任务书有较大出入时,应上报给下达任务书的单位重新审定,并在设计中加以论证说明。

施工图测量是通信线路施工安装图纸的具体测绘工作,也是对初步设计审核中修改部分的补充勘测,通过施工图测量,线路敷设的路由位置、安装工艺、各项防护保护措施将进一步具体化,可为编制工程预算提供准确的资料。

测量前,设计者应全面、准确地了解设计方案、设计标准和各项技术措施,明确初步设计会审后的修改方案,了解现场的实际情况以及初步设计勘察时的变化,如因路由的调整而影响站址,穿越公路、铁路、河流的位置,进站路由等。

此外,根据测量工作和进度的要求,应确定参加测量的人员的数量,制订出测量进度计划,按专业进行工作。

除了完成施工图测量工作外,还应请建设单位的相关人员一起深入现场,对有关单位进行更详细的调查研究,以解决在初步设计中遗留的问题;在初步设计勘察中已与有关单位谈成意向但尚未正式签订的协议;邀请当地政府有关部门的领导深入现场,介绍并核查有关农田、河流、渠道等设施的整治规划,以便测量时考虑避让或采取相应的保护措施;按有关政策及规定,与有关单位或个人洽谈需要迁移电杆、少量砍伐树木、迁移坟墓、青苗损坏等的赔偿问题,并签订书面协议;了解施工队伍的住宿和施工用工(器)具、机械、材料的屯放及沿途可能提供劳力的情况。

(2) 施工图测量方法

施工图测量的方法包括现场测绘法、图测法(在地图上标注局站址分布、路由大体走向)、航测法(航空、航海),其中应用最为广泛的是现场测绘法。现场测绘法又包括标杆测量法和仪器测量法,其中标杆测量法在通信线路工程中应用广泛。

(3) 路由复测

1) 复测的主要任务

通信线路的路由复测是通信线路工程正式开工后的首要任务。复测以工程施工图为依据,其主要任务包括:对沿线路由具体走向、施工图纸、敷设方式、环境条件以及接头的具体位置进行核对;对通信线路穿越障碍物时需采用防护措施地段的具体位置和处理措施、地面的正确距离进行核定。路由复测时,应检测通信线路与其他设施、树木、建筑物是否符合一定的间距要求。路由复测、复核,可为通信线路光/电缆配盘、分屯和敷设以及保护地段等提供必要的数据资料,对优质、按期完成工程的施工任务起到保证作用。

2) 复测的基本原则

通信线路路由复测以经审批的施工图设计为依据。

3) 路由等变更要求

在测量时,一般不得随意改变施工图设计文件所规定的路由走向、中继站站址等。

4) 路由复测小组的组成

路由复测小组由施工单位组织,小组成员通常由施工、维护、建设和设计单位的人员组成。复测工作应在配盘前进行。

5) 路由复测的步骤

① 定线。根据工程施工图,在起始点、三角定标桩或转角桩处竖起大标旗,示出通信线路路由的走向。大标旗的间隔一般为 1～2 km,始标点与前方大标旗间插入两根以上的标杆,使始标、标杆和大标旗成一直线,以此线来丈量距离。复测中需改变路由时,若新路由比原路由增加的长度超过 100 m、连续变更路由超过 2 km,则应报相关部门审批。

② 测距。测距是路由复测中的关键性内容,只有掌握测距的基本方法,才能正确地测出地面实际距离,以确保通信线路配盘的正确性和敷设工作顺利进行。测距的一般方法是:采用经过皮尺校验的 100 m 地链(山区采用 50 m 地链),由两个拉地链的人负责丈量,后链人员持地链始端,前链人员持地链末端,大标旗中间的标杆插在地链的始末端。一般复测距离由三根标杆配合进行,当 A、B 两杆间测完第一个 100 m 后,B 杆不动取代 A 杆位置,C 杆取代 B 杆位置,测第二个 100 m,原有 A 杆向前移动取代第三个 100 m 的 B 杆位置(即 C 杆取代 A 杆)。这样不断地变换标杆位置,就可以不断向前测量。标杆与大标旗间应不断调整,使之在直线状态下完成测距工作。

③ 打标桩。当通信线路路由确定并经测量后,应在测量路由上打标桩,以便画线、挖沟和敷设通信线路。一般每 100 米打一个计数桩,每 1 000 米打一个重点桩,穿越障碍物处以及转角点也应打上标记桩。改变通信线路敷设方式、通信线路程式的起讫点等重要标桩应进行三角定标。为了便于复查和核对通信线路敷设长度,标桩上应标有长度标记,如从中继站至某一标桩的距离为 8.152 m,则标桩上应写"8+152"。标桩上标有数字的一面应面向公路一侧或面向中断站前进方向的背面。

④ 画线。路由复测确定后即可画线。用白灰粉或石灰顺地链(或用绳子)在前后桩间拉紧画成直线。画线一般与路由复测同时进行。一般地形采用单线画法,要求白灰均匀清晰;对于地形复杂的地段,可采用双线画法,双线间隔一般为沟的宽度,即 60 cm。转角点应画成弧线,弧形的半径应大于通信线路的允许弯曲半径,半径大一些,通信线路的转弯缓和一些,对稳定光纤的传输性能有利。穿越河流、跨度较大的公路以及大坡度地段时,通信线路要求作"S"敷设,"S"弯的弯度大小视通信线路余留量而定,一般河流两侧的"S"弯余留 5 m。"S"弯的弯曲半径也应考虑通信线路的允许弯曲半径要求。

⑤ 绘图。绘图要求核定复测的路由、中继站位置相对于施工图有无变动。通信线路路由变动不大时,可利用施工图进行部分修改;变动较大时,应重新绘图。要求绘出中继站站址及通信线路路由 50 m 内的地形、地物和主要建筑物;绘出"三防"设施位置、保护措施、具体长度等。市区要求按 1∶500 或 1∶1 000 的比例绘制,郊外按 1∶2 000 的比例绘制;有特殊要求的地段应按规定的比例绘制。水底通信线路应标明通信线路的位置、长度、埋深、两岸登陆点、"S"弯余留点、岸滩固定、保护方法、水线标志牌等,同时还应标明河流流向、河床断面和土质。平面图一般按 1∶(500～5 000)比例绘制,断面图按 1∶(50～100)比例绘制。

⑥ 登记。登记工作主要包括:沿通信线路路由统计各测定点累积长度,无人站位置,沿线土质及河流、渠塘、公路、铁路、树木、经济作物、通信设施和沟坎加固等的范围、长度与累积数量。登记人员应每天与绘图人员核对,发现差错应及时补测、复查,以确保统计数据的正确性。这些数据是工作量统计、材料筹供、青苗赔偿等施工中重要环节的依据。

2. 杆路测量的一般方法和要求

标杆测量法在通信线路工程中应用广泛。本节以标杆测量法为例,介绍杆路测量的方法和要求。

(1)标杆测量的工具

1)大标旗

旗面用红白布对角拼制而成,系于 6～8 m 长的大标杆上。旗杆装有三方拉线,使大标旗竖立稳固。大标旗供引导测量方向之用。工程中常说的"远树大标近树杆"中的"大标"就是指大标旗。

2)标杆

标杆又名花杆,由圆木或均匀而挺直的竹竿制成(目前广泛使用铝合金制作),全身相间涂有红白色漆。根部装以铁脚,以便插入土中,用于标明测点。标杆的长度有2 m和3 m两种。

3)标桩

标桩是测定的杆位标志,按所用材料可分为木制标桩和竹制标桩两种,按用途可分为普通标桩和重点标桩。

4)量地链和皮尺

量地链和皮尺是丈量距离的工具。一般使用的量地链可按需要制成不同的长度。皮尺用于丈量短距离、测角深和拉线等,一般包括100 m和50 m两种。测量很短的距离时也可用钢卷尺。

5)木榔或铁锤

木榔用于将标桩打入土中,如无木榔,也可用铁锤代替。

6)其他

在进行标杆测量时,还须配备望远镜、指南针、测斜器、手旗、口笛等物,以供瞭望远处目标、测定线路进行方向、测量坡度和做联系信号。

(2)相关术语

1)看标

依靠人的眼睛(视力)判断标杆树立是否正确,分为看前标、看后标,如图3.18所示。

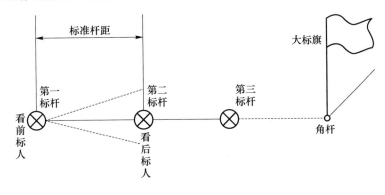

图3.18 标杆测量示意图

2)插标

在地上正确插立标杆(垂直于基准平面、杆身正直不倾、树立牢固);插标人一般使用2根手指(大拇指、食指)轻握插标,使其自然下垂,落于地面,然后用力插牢并扶正标杆。

3)引标

为保证所插标杆位于一条直线上,当线路较长或者地形起伏(有坡度)时,由一人手握标杆在看标人的指引下延伸线路,如图3.19所示。

(3)标杆法测量原理

1)平面几何原理

利用直线、延长线、平行四边形、边角关系、特殊三角形、平行线、相似三角形、比例法,使用标杆和皮尺在测量地点作出地面图形,然后利用几何公式进行计算。

2)垂线的作法

① 用等腰三角形法测垂线。用等腰三角形法测垂线如图3.20所示,在 M 点作直线 MP

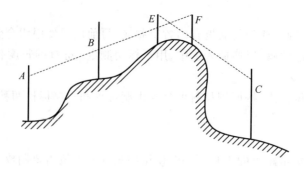

图 3.19　引标示意图

的垂直线时,首先在 M 点的两侧沿直线 AP 各取 3 m 处分别插 E、F 杆(根据经验,3 m 为远近适宜的距离,不取 3 m 也可以,但要使 $ME=MF$);然后,把皮尺的 0 与 10 m 处分别固定于 E、F 点,另一人将皮尺的 5 m 处沿地面向外拉紧得 D 点,并在 D 点处插一标杆,则 DM 垂直于 AP(皮尺的长度不一定等于 10 m,但应以比 EF 的长度大得较多为宜)。

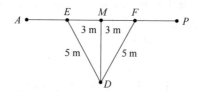

图 3.20　用等腰三角形法测垂线

② 用勾股定理测垂线。用勾股定理测垂线的方法如图 3.21 所示,根据勾股弦分别为 3、4、5 所构成的三角形为直角三角形的定理来作直角的测量方法,称为勾股定理测垂线弦定理法。

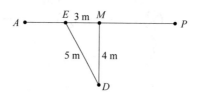

图 3.21　用勾股定理测垂线

在图 3.21 中,在 M 点作直线 MP 的垂直线时,先在直线 AP 上距 M 点 3 m 处插 E 杆,放出 12 m 长的皮尺,将皮尺的 0、3 m、12 m 三处分别固定于 M、E、M 点,另一人将皮尺的 8 m 处向外拉紧得 D 点,并在 D 点处插一标杆,则 DM 垂直于 AP。

(4)直线段的测量

1)插立大标旗

在进行直线测量时,首先应在前方插立大标旗,以指示测量进行方向。大标旗应竖立在线路转角处。如直线太长或有其他障碍物妨碍视线,可以在中间的位置适当增插一面大标旗。大标旗应尽量竖立在无树林、建筑物等的地方,插牢于土中,并用三方拉绳拉紧,保持正直,以免被风吹斜,产生测量误差。沿路由插好 2～4 面大标旗后,待丈量杆距的人员测到前方第一面大标旗后,才可撤去大标旗,并将其传送到前方,继续往前插立。大标旗插好后,即可进行直线的测量。

2）直线段线路的测量

直线段线路的测量进行情况如图 3.22 所示，其步骤如下所述。

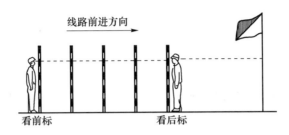

图 3.22　直线段线路测量

① 在起点处立第一标杆，两人拉量地链丈量一个标准杆距，由看后标人在前链到达的地点立第二标杆。

② 看前标人从第一标杆后面对准前方大标旗，指挥看后标人将第二标杆左右移动，直到三者成一直线时插定。同时，量杆距人员继续丈量第二个杆距。看标时人应站正用双眼看直线，后边的标杆应在两根虚标杆的中间。

③ 看前标人仍留在第一标杆处对准大标旗指挥看后标人将第二标杆插在直线上。看后标人自第三标杆向第一标杆看，使第一、第二、第三标杆同在一直线上，以便相互校对，但以看前标人为主（下同）。同时，量杆距人员继续向前丈量第三个杆距。

④ 看前标人继续指挥插好第四标杆，使其与后面的三根标杆及大标旗成一直线。看后标人则自第四标杆向第一、第二、第三标杆看直线，以相互校对。当前、后标都看在一直线上时，第四标杆的位置即可确定。

⑤ 看前标人在指挥插好第四标杆后，就可前进到第三标杆处，继续指挥插好第五标杆，使其与第四标杆和大标旗成一直线。依次继续下去，看前标人与看后标人之间始终保持三根以上标杆距离。

⑥ 插好第五或第六标杆后，打标桩人员就可以将第一标杆拔去，在标杆的原洞里打入标桩，并依次继续进行下去。

测量登记员应随时登记测量登记表，详细填写表格中的各项。

3．角深及其测量方法

（1）角杆、角深的概念

1）角杆

角杆又名转弯杆，在架空杆路中具有极其重要的地位，在架空通信线路工程设计、施工、维护中具有重要的作用，将严重地影响到通信线路建筑的安全。

2）角深

线路转角的大小一般用标准角深来表示，用标杆测角深的方法有外角法和内角法两种。另外，在标杆测量中，有时需要测通信线与其他线路的交越角度，因此测角度的方法也要了解。

（2）角深的测量

用外角法和内角法测角深的方法如图 3.23 所示。图 3.23（a）为角深的外角测量法，其中 P 为角杆，AP 为转角前的直线方向，PB 为转角后的直线方向。在 AP 的延长线上测得 E 点，使 $PE=5$ m，又在 PB 方向上测得 F 点，使 $PF=5$ m，则标准角深 m 为：$m=EF \cdot 5$。图 3.23（b）为角深的内角测量法，在 PA、PB 方向上分别测得 E、F 点，使 $PE=PF=5$ m，用皮尺连接 E、

F 点并在 EF 中点 M 处插一标杆,则标准角深 m 为:$m = PM \cdot 10$。

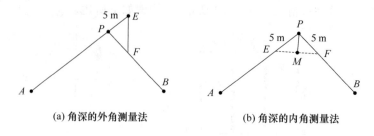

(a) 角深的外角测量法   (b) 角深的内角测量法

图 3.23 角深的测量

（3）角杆位置的测定

线路测量到转角点时,最后一个杆档不一定恰好等于标准杆距。当短少或超过的数值不超过标准杆距的 15% 时,可以不作考虑,容许有些偏差。如果偏差较大,可按下述方法进行调整。

① 偏差的数值如在大标旗允许的左右偏移范围内,角杆的位置即用实际测定的杆位,如图 3.24 所示。

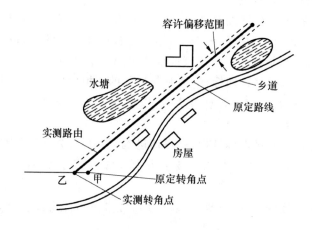

图 3.24 角杆位置的测定

② 当不容许左右偏移,因而不能按照实际测量的杆位转弯时,如果超过交叉间隔长度偏差的限度,就应回到前一转角点重测,将偏差数值均匀分到几个杆档内,但角杆前后的两个杆距一般不应大于标准杆距,应等于或小于标准杆距。

为了减少角杆的负荷,角杆的角深一般不应超过规定的数值。

（4）双转角的测量

线路上连续两个角杆的转弯方向相同、角深大小相等的情况称为双转角。双转角的测量方法一般有以下两种。

第一种测量方法如图 3.25 所示,其步骤如下所述。

① 使 AB 等于标准杆距,在 AB 方向上测得 P 杆,使 BP 等于 AB 长度的一半。

② 再从 P 杆对准前方的大标旗,测得 C 杆,使 $PC = BP$,然后沿 PC 方向继续看标,测得 D 杆,使 $CD = AB$。

③ 拆除 P 杆,使线路经由 A、B、C、D 杆行进,则 B、C 角杆为两角深相对的双转角杆。

由于 BP 与 PC 加起来才只有一个标准杆距,根据几何学原理,可知 BC 必然小于一个标

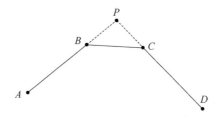

图 3.25　双转角测量方法（一）

准杆距,这就可能使交叉间隔的偏差超过规定的范围。如果要求 BC 等于一个标准杆距,则必须把 BP 和 PC 的长度略为放长一些,放长的距离与顶角的角度大小和标准杆距的大小有关。设放长的长度为 x,顶角的角度为 θ,标准杆距为 l,如图 3.26 所示,则 x 与 l 和 θ 的关系可以推求,如下所述。

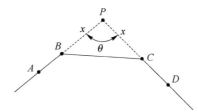

图 3.26　等于标准杆距时的测法

由于

$$\sin \frac{\theta}{2} = \frac{l/2}{x}$$

可得

$$x = \frac{l}{2\sin \frac{\theta}{2}}$$

式中 θ 可根据测出的角深 m 求出,即

$$\cos \frac{\theta}{2} = \frac{m}{50}$$

可得

$$\theta = 2\sin^{-1} \frac{m}{50}$$

例如,当 $\theta = 158°$,$l = 50$ m 时,可算出 x 的值为

$$x = \frac{l}{2\sin \frac{\theta}{2}} = \frac{25}{\sin 79°} = \frac{25}{0.981\,6} \approx 25.5 \text{ m}。$$

当 θ 角（或角深）为其他值,标准杆距分别为 40 m、50 m 时 x 的值可按上述方法进行计算。

第二种测量方法如图 3.27 所示。先按照前面的方法,测出 A、B、P、C、D 杆,并使 $BP = PC = 0.5AB$；然后在 BC 的延长线上测得 E 杆,使 $BE = AB$；再量出由 E 杆到 CD 的垂直距离 x,由 D 点作直角测得 H 杆,使 $DH = x$,从 EH 直线的延长线上量 $EF = AB$,最后拆除 P、C、D 标杆,使线路的路由经过 A、B、E、F 杆,则 B、E 杆为两转角角深相等的双转角杆。

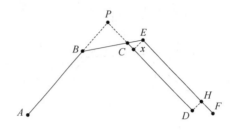

图 3.27　双转角测量方法(二)

3.2.2　杆洞的开挖及立杆

<主要考点>

- 能对通信杆路定点定线(三级)
- 能根据图纸确定电杆位置(四级)
- 能挖电杆洞(五级)
- 品接杆、单接杆制作方法(三级)
- 能装设品接杆、单接杆★(三级)

<主要内容>

1. 杆洞的开挖

(1) 杆坑定位

基坑施工前必须先进行杆坑的定位,杆坑定位必须做到以下两点。

① 直线杆顺线路方向位移不得超过测量档距的 3%。

② 转角杆、分歧杆的横线路、顺线路位移不应超过 50 mm。

(2) 挖坑前的准备工作

电杆基础坑深允许的偏差值为 +100 mm、−50 mm。在进行坑的定位与画线挖坑前,应先检查杆位标桩是否符合设计图的要求,防止原勘测所设立的标桩因外力作用而发生变位或遗失。检查时采用三点成一线的方法,测视标桩是否在线路中心线上,用皮尺复核标桩间的水平距离是否与设计图一致,经检查无误后进行杆位的画线工作,为了防止坑壁坍塌,保证施工安全,应根据不同的土质来确定坑壁的安全坡度及坑口的尺寸,如表 3.1 所示。

表 3.1　坑口尺寸表

土质情况	坑壁坡度	坑口尺寸/m
坚硬黏土	10%	$B=A+0.1H×2$
硬塑黏土	20%	$B=A+0.2H×2$
可塑黏土	30%	$B=A+0.3H×2$
大块碎石	40%	$B=A+0.4H×2$
	50%	$B=A+0.5H×2$
细砂粉砂	60%	$B=A+0.6H×2$

注:B 为坑口尺寸;A 为坑底尺寸(m),$A=b+0.4$,其中 b 为杆根宽度(不带卡盘或底盘)或底盘宽度(带底盘)或拉线盘宽度;H 为坑的深度(m),$H=c+0.1$,其中 c 为电杆埋深加底盘厚度(带底盘)或拉线盘埋深加拉线盘厚度。

（3）电杆埋深

电杆埋深应符合表 3.2 的要求。

表 3.2　电杆埋深

杆长/m	电杆埋深/m			
	普通土	硬土	水田、松土	石质
6.0	1.2	1.0	1.3	0.8
6.5	1.2	1.0	1.3	0.8
7.0	1.3	1.2	1.4	1.0
7.5	1.3	1.2	1.4	1.0
8.0	1.5	1.4	1.6	1.2
8.5	1.5	1.4	1.6	1.3
9.0	1.6	1.5	1.7	1.5
10.0	1.7	1.6	1.8	1.6
11.0	1.8	1.8	1.9	1.8
12.0	2.0	1.9	2.1	1.9

2. 立杆

立杆杆位、规格程式和杆距应符合设计要求。立杆常有机械立杆、人工立杆、人工与机械相结合立杆三种方式。电杆竖立后应达到下列要求。

① 直线线路的电杆的位置应在线路路由的中心线上，电杆中心线与路由中心线的左右偏差应不大于 50 mm。杆身上下要垂直，杆面不得错位。

② 用拉线加固的角杆，木杆根部应向转角内移约一个杆径，水泥杆内移半个杆径（用撑木加固的角杆根部不内移）。拉线收紧后，杆梢应向外角倾斜，木杆为 200～300 mm，水泥杆为 100～150 mm，使角杆梢位于两侧直线杆路杆梢连线的交叉处，如图 3.28 所示。终端杆杆梢应向拉线侧倾斜 100～200 mm。

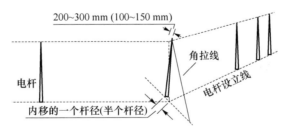

注：括号内为水泥杆对应的数值。

图 3.28　角杆立杆规定

为确保安全，立杆必须保证足够的人力，并由有经验的人员明确分工，统一指挥，各负其责；立杆前应检查工具是否齐全、安全牢固，立杆时非施工人员一律不准进入施工现场；在房屋附近立杆时不要触碰屋檐和电灯线；在铁路、公路、厂矿附近及人烟稠密的地区立杆时要有专人维护现场；立电杆时必须根据施工现场环境情况使用夹杠、幌绳等；新立起的电杆未回土夯实前不准上杆作业。

3. 接杆

电杆接杆应按照设计规定的长度、方式、方法进行接长。水泥杆接杆应采用"等径水泥杆"叠加接长,两杆间用法兰盘或钢板圈焊接。木杆接杆应符合下列规定。

① 下节杆的梢径应大于上节杆的梢径。

② 下节杆的梢径不应小于上节杆杆径的 3/4。

③ 穿钉孔应端正并在木杆中心线上。穿钉旋紧后螺母丝扣外露不应小于 10 mm,不应大于 50 mm。

④ 结合部分应严密无缝隙,紧贴牢固;穿钉孔及截锯处应涂防腐漆。

⑤ 搭接处用 4.0 mm 钢箍线缠扎四道后,应用压头或卡钉封固。

⑥ 木杆接好后,杆身应正直,结合牢固。

⑦ 单接杆、品接杆的接合长度应为 1 560 mm,单接杆如图 3.29 所示,品接杆如图 3.30 所示,各部分尺寸允许偏差为 ±20 mm。单接杆应用 M16 mm 穿钉固定,品接杆应用 M19 mm 穿钉固定,并应用 4.0 mm 钢线缠 6~8 回并绞紧。

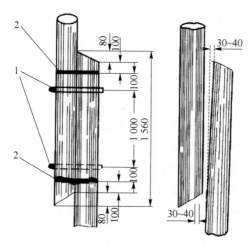

1—M16 mm 穿钉;2—4.0 mm 钢线。

图 3.29　单接杆示意图

3.2.3　拉线及地锚的施工

＜主要考点＞

- 拉线位置测量方法(四级)
- 能测量拉线位置(四级)
- 拉线长度的计算(五级)
- 护杆板等铁件的安装方法(五级)
- 夹板制作拉线上把的方法(五级)
- 夹板制作拉线中把的方法(五级)
- 另缠法制作拉线中把的方法(四级)
- 能用三眼双槽夹板制作拉线中把(五级)

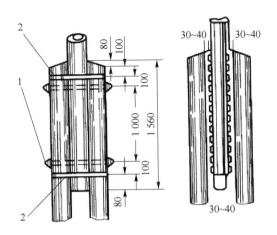

1—M19 mm无头穿钉；2—4.0 mm钢线。

图 3.30　品接杆示意图

- 另缠法制作拉线上把的规范(三级)
- 能用三眼双槽夹板制作拉线上把(五级)
- 另缠法更换拉线的规范(三级)
- 能用另缠法制作木杆拉线上把★(三级)
- 能用另缠法更换水泥杆拉线(三级)
- 各种地锚的制作方法(四级)
- 能用另缠法制作拉线地锚(四级)
- 能安装水泥预制拉盘铁柄地锚(四级)
- 能制作地锚横木(四级)

＜主要内容＞

1. 拉线的测量

拉线在架空杆路中具有极其重要的地位,主要起到加固通信线路的作用,在架空通信线路工程设计、施工、维护中具有重要的作用,将严重地影响到通信线路建筑的安全。根据作用的不同一般分为顶头(终端杆)拉线、角杆拉线、双方拉线、三方拉线、四方拉线。

拉线的测量包括测定拉线的方向、出土位置和拉线洞的位置。

（1）拉线方向的测定

① 角杆拉线方向的测定。如图 3.31 所示,在 A 杆处,用测直线段的方法在直线 AC、AB 上分别测得 E、F 点,使 $AE=AF=3\,\mathrm{m}$,在 E、F 点各插一根标杆,把皮尺的 0、12 m 处分别固定于 E、F 点,另一人捏紧皮尺的 6 m 处向转角外侧拉紧得到 D 点,并在该点插一根标杆,则 AD 即为角杆拉线的方向。

② 双方拉线方向的测定。如图 3.32 所示,A 杆为需要装设双方拉线的电杆,在直线 AC、AB 上分别测得 E、F 点,使 $AE=AF=3\,\mathrm{m}$,在 E、F 点各插一根标杆,把皮尺的 0、10 m 处分别固定于 E、F 点,另一人捏紧皮尺的 5 m 处依次向线路两侧拉紧分别得 D、G 两点,并插上标杆,则 AD 和 AG 即为双方拉线的方向,并且 D、A、G 三点应在同一直线上。

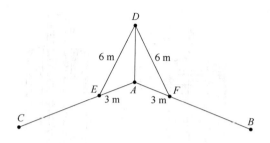

图 3.31　角杆拉线方向的测定

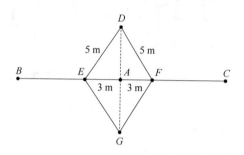

图 3.32　双方拉线方向的测定

③ 三方拉线方向的测定。如图 3.33 所示,A 杆为需要装设三方拉线的电杆,在直线 AC 上测得 G 点,并使 $AG=3\,\mathrm{m}$,将皮尺的 0、$6\,\mathrm{m}$ 处分别固定于 A、G 两点,另一人捏紧皮尺的 $3\,\mathrm{m}$ 处依次向线路的左右两侧拉紧分别得 E、F 两点,并插上标杆,再在直线 AB 上测得 D 标杆,则 AD、AE、AF 即为三方拉线的方向。

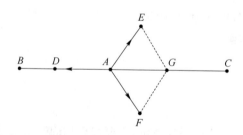

图 3.33　三方拉线方向的测定

④ 四方拉线方向的测定。四方拉线由双方拉线和两条顺线拉线组成。双方拉线方向的测定同前;顺线拉线因在线路直线上,可以用测直线段的方法测出。

（2）拉线出土位置的测定

在较平坦地区可按距离比为 1 时拉距等于拉高来测定。地形起伏不平的地方应根据具体地形测定。

（3）拉线洞位置的测定

拉线洞位置的测定与拉线的距高比、拉线的洞深有关。拉线洞位置的测定方法如图 3.34 所示。

根据相似三角形原理,可得拉线出土到拉线洞的距离 DE 的计算公式:$DE=$ 拉线洞深 $\times$ 距高比。所以,电杆到拉线洞的距离为:$AE=$（拉高＋拉线洞深）$\times$ 距高比。当拉线的距离比等于 1 时,DE 等于拉线洞深。拉线的距高比通常取 $1:1$,误差为 $\pm1/4$,如图 3.35 所示。

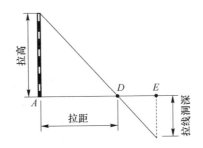

图 3.34　拉线洞位置的测定

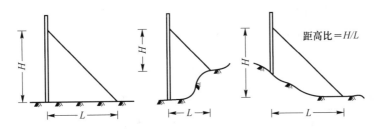

图 3.35　拉线的距高比

（4）拉线长度的计算

在拉线方向、拉线出土位置及拉线洞位置确定后，拉线的长度便可以确定。

2. 拉线的安装

拉线的安装主要包括拉线上把、拉线中把及拉线地锚的制作与安装等。

（1）拉线上把的安装位置

架空线路的拉线上把在电杆上的安装位置及安装方式应符合以下规定。

① 杆上只有一条吊线且装设一条拉线时，水泥杆拉线应距吊线 100 mm，木杆拉线应距吊线 300 mm，如图 3.36 所示。

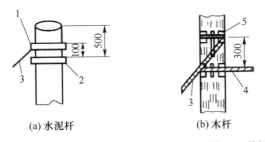

1—拉线抱箍；2—吊线抱箍；3—拉线；4—吊线；5—护杆板。

图 3.36　单条拉线上把装置示意图

② 杆上有两层吊线且装设两层拉线时，应符合图 3.37 中的要求。层间间隔应为 400 mm，各层拉线安装位置与单层拉线安装位置相同。

（2）拉线上把的扎固要求

① 另缠法：应符合图 3.38 中的要求，缠扎规格见表 3.3 的规定。

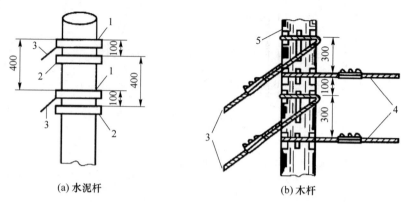

(a) 水泥杆   (b) 木杆

1—拉线抱箍；2—吊线抱箍；3—拉线；4—吊线；5—护杆板。

图 3.37 双层拉线装设位置

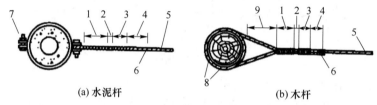

(a) 水泥杆   (b) 木杆

1—首节；2—间隙；3—末节；4—留长；5—拉线；6—留头处理；
7—穿钉；8—护杆板；9—首节与电杆的间隔（长度约等于梢径）。

图 3.38 拉线上把另缠法示意图

表 3.3 拉线上把另缠法规格

电杆类型	拉线程式	缠扎线径/mm	首节长度/mm	间隙/mm	末节长度/mm	留头长度/mm	留头处理
木杆或水泥杆	1×7/2.2	3.0	100	30	100	100	1.5 mm 铁线另缠 5 圈扎固
	1×7/2.6	3.0	150	30	100	100	
	1×7/3.0	3.0	150	30	150	100	
	2×7/2.2	3.0	150	30	100	100	
	2×7/2.6	3.0	150	30	150	100	
	2×7/3.0	3.0	200	30	150	100	

② 夹板法：拉线上把的扎固应符合图 3.39、图 3.40 和图 3.41 中的要求。

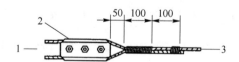

1—与电杆连接；2—φ7三眼双槽夹板；3—7/2.2拉线。

图 3.39 7/2.2拉线上把夹板法示意图

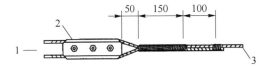

1—与电杆连接；2—φ7三眼双槽夹板；3—7/2.6拉线。

图 3.40　7/2.6 拉线上把夹板法示意图

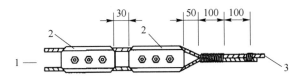

1—与电杆连接；2—φ7三眼双槽夹板；3—7/3.0拉线。

图 3.41　7/3.0 拉线上把夹板法示意图

③ 卡固法：拉线上把的扎固应符合图 3.42 中的要求。

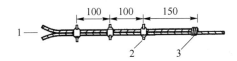

1—与电杆连接；2—U型卡子；3—φ1.5钢线留头。

图 3.42　拉线上把卡固法示意图

另缠法、夹板法、卡固法的规格各节允许偏差为 ±4 mm，累计允许偏差为 ±10 mm。

（3）拉线中把的安装

① 另缠法：用镀锌钢线缠扎，如图 3.43 所示，缠扎规格应符合表 3.4 的规定。

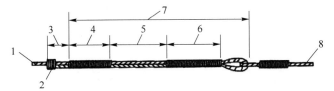

1—拉线；2—φ1.5钢丝缠5圈；3—留长；4—末节；
5—间隔；6—首节；7—全长；8—地锚。

图 3.43　拉线中把另缠法示意图

表 3.4　拉线中把夹板法、另缠法规格　　　　　　　　单位：mm

类别	拉线程式	夹、缠物类别	首节	间隔	末节	全长	钢绞线留长
夹板法	7/2.2	φ7 夹板	1 块	280	100	600	100
	7/2.6	φ7 夹板	1 块	230	150	600	100
	7/3.0	φ7 夹板	2 块，中间隔 30	100	100	600	100
另缠法	7/2.2	3.0 钢线	100	330	100	600	100
	7/2.6	3.0 钢线	150	280	100	600	100
	7/3.0	3.0 钢线	150	230	150	600	100
	2×7/2.2	3.0 钢线	150	260	100	600	100

类别	拉线程式	夹、缠物类别	首节	间隔	末节	全长	钢绞线留长
另缠法	2×7/2.6	3.0 钢线	150	210	150	600	100
	2×7/3.0	3.0 钢线	200	310	150	800	150
	V 型 2×7/3.0		250	310	150	800	150

② 夹板法:应用三眼双槽夹板和 ϕ3.0 mm 镀锌钢线夹固和缠扎,如图 3.44 所示,夹固缠扎应符合表 3.4 的规定。

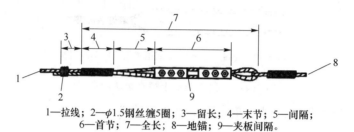

1—拉线;2—ϕ1.5钢丝缠5圈;3—留长;4—末节;5—间隔;
6—首节;7—全长;8—地锚;9—夹板间隔。

图 3.44 拉线中把夹板法示意图

(4)各种地锚的制作安装

① 各种程式的拉线配套的地锚钢柄、水泥拉线盘、地锚钢绞线程式或地锚横木的规格应符合表 3.5 的要求。

表 3.5 拉线地锚、水泥拉线盘及地锚横木的规格

单位:mm

拉线程式	水泥拉线盘 长×宽×厚	地锚钢柄 直径	地锚钢绞线程式 股/线径	横木 根×长×直径	备注
7/2.2	500×300×150	16	7/2.6(或 7/2.2 单条双下)	1×1 200×180	
7/2.6	600×400×150	20	7/3.0(或 7/2.6 单条双下)	1×1 500×200	
7/3.0	600×400×150	20	7/3.0 单条双下	1×1 500×200	
2×7/2.2	600×400×150	20	7/2.6 单条双下	1×1 500×200	2 条拉线或 3 条拉线合用一个地锚时的规格
2×7/2.6	700×400×150	20	7/3.0 单条双下	1×1 500×200	
2×7/3.0	800×400×150	22	7/3.0 双条双下	2×1 500×200	
V 型 2×7/3.0+1×7/3.0	1 100×500×300	22	7/3.0 三条双下	3×1 500×200	

② 地锚埋设及出土位置:一般钢柄地锚的出土长度为 300~600 mm,如图 3.45 所示,地锚钢柄长度应根据设计埋深的要求选定。

除一般钢柄地锚外,常用的地锚还有镀锌钢绞线地锚。镀锌钢绞线地锚有单条单下、单条双下、双条四下和三条六下等多种类型,具体制作方法和要求分别如图 3.46、图 3.47、图 3.48 和图 3.49 所示。

拉线地锚实际的出土点与规定的出土点之间的作用偏差不应大于 50 mm。地锚的出土斜槽应与拉线上把成直线,不得有杠、顶现象。拉线地锚应摆设端正,不得偏斜,地锚的拉线盘或横木应与拉线垂直。拉线地锚在地面上 100 mm、地面下 500 mm 应做防腐蚀处理。

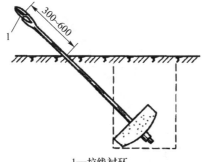

1—拉线衬环。

图 3.45　地锚出土示意图

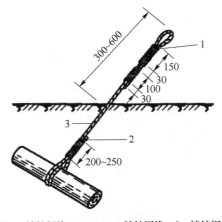

1—3.0 mm镀锌钢线；2—4.0 mm镀锌钢线；3—镀锌钢绞线。

图 3.46　单条单下地锚示意图

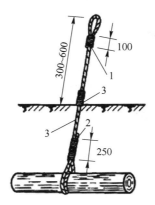

1—3.0 mm镀锌钢线；2—4.0 mm镀锌钢线；3—镀锌钢绞线。

图 3.47　单条双下地锚示意图

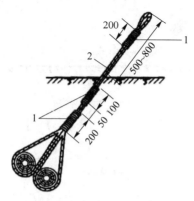

1—4.0 mm钢线；2—镀锌钢线。

图 3.48　双条四下地锚示意图

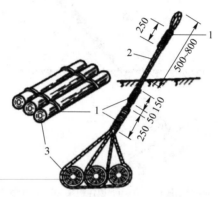

1—4.0 mm钢线；2—镀锌钢线；3—横木。

图 3.49　三条六下地锚示意图

3.2.4　吊线及其辅助装置的施工

＜主要考点＞

* 吊线辅助装置制作要求（四级）
* 吊线上杆和固定步骤（五级）
* 吊线挂钩的方法（四级）
* 夹板制作吊线终结的方法（四级）
* 另缠法制作吊线的方法（三级）
* 能制作角杆吊线辅助装置（四级）
* 能进行杆上打眼★（五级）
* 能安装铁件（五级）
* 能将吊线挑上电杆并进行固定（五级）
* 能用夹板制作吊线终结★（四级）
* 能坐滑车挂挂钩★（四级）
* 能用另缠法制作吊线终结★（三级）

<主要内容>

1. 吊线施工的一般要求

① 架空光缆吊线及吊线程式应符合设计规定。

② 吊线距电杆顶的距离一般情况下应大于等于 500 mm,在特殊情况下应大于等于 250 mm。

③ 同一杆路架设两层吊线时,同侧两层吊线的间距应为 400 mm。两侧上下交替安装时,两侧的层间垂直距离应为 200 mm。

④ 架空光缆线路主吊线的原始安装垂度应符合国家标准的要求。在 20℃ 以下安装时,允许偏差应为标准垂度的 ±10%;在 20℃ 以上安装时,允许偏差应为标准垂度的 ±5%。

⑤ 按先上后下、先难后易的原则确定吊线的方位。一条吊线必须在杆路的同一侧,不能左右跳。原则上架设第一条吊线时,吊线直设在杆路的人行道(或有建筑物)侧。吊线夹板在电杆上的位置宜与地面等距,坡度变化不宜超过杆距的 2.5%,特殊情况下不宜超过 5%。

2. 吊线辅助装置

吊线在电杆上的坡度变更大于杆距的 5% 且小于 10% 时,应加装仰角辅助装置或俯角辅助装置,辅助吊线规格应与吊线一致,用 3.0 mm 镀锌钢线缠扎,缠扎规格应与拉线上把相同,安装方式应符合图 3.50 和图 3.51 的要求。

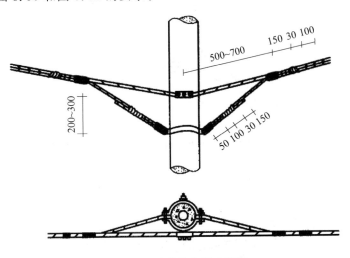

图 3.50　吊线仰角辅助装置

当木杆角杆的角深在 5～10 m(偏转角为 20°～40°)时,采用钢线做吊线辅助装置,辅助装置应符合图 3.52 的要求;角深在 10～15 m(偏转角为 40°～60°)时木杆的吊线辅助装置应符合图 3.53 的要求。水泥杆角杆在角深不大于 25 m 时,应做吊线辅助装置,辅助吊线规格应与吊线规格相同,可用 U 型钢卡固定或用另缠法缠扎,并符合图 3.54 的要求。

3. 吊线的固定

吊线在电线杆上应用三眼单槽夹板和穿钉或三眼单槽夹板和吊线抱箍固定,如图 3.55 所示。

对于穿钉装三眼单槽夹板,穿钉旋紧后螺母外露出的丝扣不应小于 10 mm,不得大于 50 mm,如图 3.56 所示。

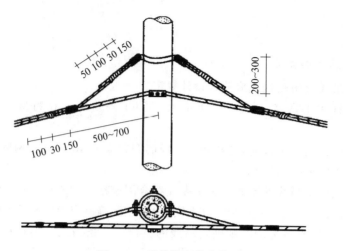

图 3.51　吊线俯角辅助装置

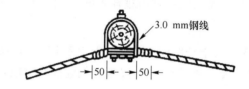

图 3.52　角杆吊线辅助装置(一)

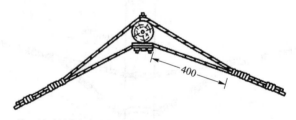

注：辅助吊线规格与吊线规格相同，缠线规格与终结相同。

图 3.53　角杆吊线辅助装置(二)

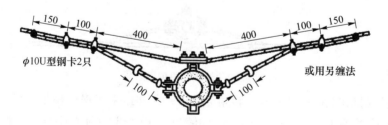

图 3.54　角杆吊线辅助装置(三)

吊线应置于三眼单槽夹板的线槽中,夹板线槽应向上。直线杆夹板唇口应面向电杆或支持物,角杆和俯仰角杆的夹板唇口方向应与吊线合力方向相反,如图 3.57 所示。

固定三眼单槽夹板的穿钉螺母应在夹板侧,同层两侧均有吊线时,宜使用无头穿钉。

4.吊线的接续

吊线接续应符合图 3.58 的要求,两端应选用钢绞线夹板法、另缠法或卡固法,衬环两端用同一种方法。

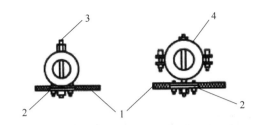

(a) 穿钉装三眼单槽夹板　　(b) 吊线抱箍装三眼单槽夹板

1—吊线；2—三眼单槽夹板；3—穿钉；4—吊线抱箍。

图 3.55　三眼单槽夹板安装方式示意图

(a) 采用有头穿钉装一副三眼单槽夹板　　(b) 采用无头穿钉装两副三眼单槽夹板

1—穿钉；2—双螺帽；3—外露丝扣；4—吊线夹板；5—无头穿钉。

图 3.56　穿钉装三眼单槽夹板示意图

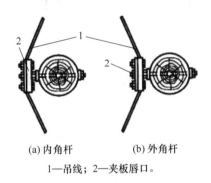

(a) 内角杆　　　　　　(b) 外角杆

1—吊线；2—夹板唇口。

图 3.57　角杆三眼单槽夹板装置方法示意图

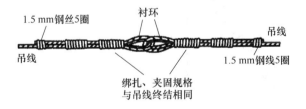

图 3.58　吊线接续

5. 吊线的终结

光缆吊线在终端杆及角深大于 25 m 的角杆上，应做终结。夹板终结法、另缠终结法、卡固终结法的规格应符合图 3.59、图 3.60、图 3.61 的要求。

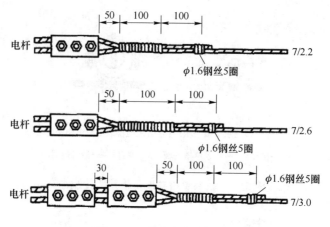

图 3.59　吊线夹板终结法

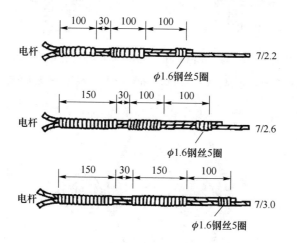

图 3.60　吊线另缠终结法

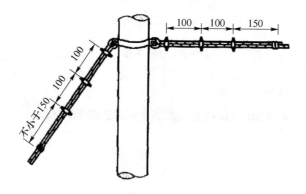

图 3.61　吊线卡固终结法

　　同层两条吊线在一根电杆上的两侧,并按设计要求做成合手终结的,合手终结的规格应符合图 3.62 的要求。

　　相邻杆档光缆吊线负荷不等时或在负荷较大的线路终端杆前一根电杆应按设计要求做泄力杆,光缆吊线在泄力杆做辅助终结,辅助终结的做法应符合图 3.63 的要求。

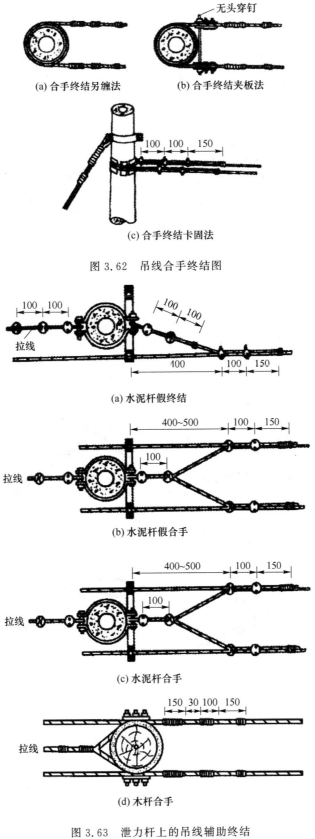

(a) 合手终结另缠法　　(b) 合手终结夹板法

(c) 合手终结卡固法

图 3.62　吊线合手终结图

(a) 水泥杆假终结

(b) 水泥杆假合手

(c) 水泥杆合手

(d) 木杆合手

图 3.63　泄力杆上的吊线辅助终结

6. 吊线十字结的制作

当两条十字交叉吊线的高度相差 400 mm 以内时,需做成十字吊线。两条吊线程式相同时,主干线路吊线应置于交叉的下方。两条吊线程式不同时,程式大的吊线应置于交叉的下方。夹板式十字吊线、另缠法十字吊线的做法分别如图 3.64 和图 3.65 所示。

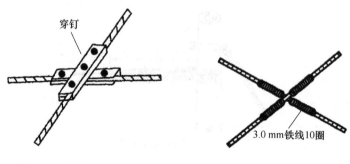

图 3.64　夹板式十字吊线　　　　图 3.65　另缠法十字吊线

7. 丁字结的制作

吊线在分歧处应做丁字结,丁字结可采用夹板法、卡固法、缠绕法。缠扎、夹固方法与吊线终结相同,缠绕法丁字结的主吊线用 3.0 mm 钢线缠扎 100 mm,如图 3.66 所示。

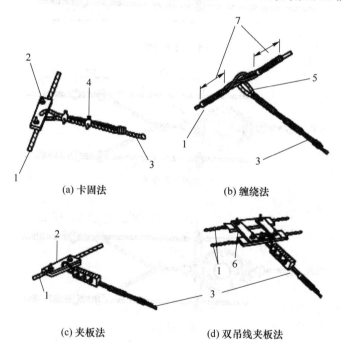

(a) 卡固法　　　　　　　(b) 缠绕法

(c) 夹板法　　　　　　　(d) 双吊线夹板法

1—主干吊线；2—三眼单槽夹板；3—分支吊线；4—U型卡；5—衬环；6—茶台拉板；7—3.0 mm钢线。

图 3.66　吊线丁字结制作示意图

8. 正、副吊线的架设

一般情况下,常用杆距为 50 m。不同钢绞线在各种负荷区适宜的杆距如表 3.6 所示。

表 3.6　吊线规格选用表

吊线规格	负荷区别	杆距/m
7/2.2	轻负荷区	≤150
7/2.2	中负荷区	≤100
7/2.2	重负荷区	≤65
7/2.2	超重负荷区	≤45
7/3.0	中负荷区	101～150
7/3.0	重负荷区	66～100
7/3.0	超重负荷区	45～80

当杆距超过表 3.6 中的范围时,宜采用正、副吊线跨越装置。正吊线与辅助吊线(副吊线)
应用三眼单槽夹板及钢板连接,如图 3.67 所示。

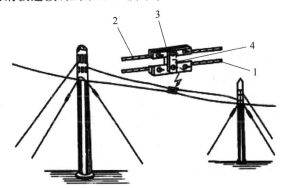

1—正吊线;　2—辅助吊线(副吊线);　3—三眼单槽夹板;　4—钢板。

图 3.67　长杆档正、副吊线装置示意图

3.2.5　架空光缆敷设

1. 架空光缆的布放方法

架空光缆的布放方法目前有两种:一种是定滑轮牵引法,如图 3.68 所示,包括人工牵引法
和机械牵引法;另一种是光缆盘移动放出法,如图 3.69 所示。

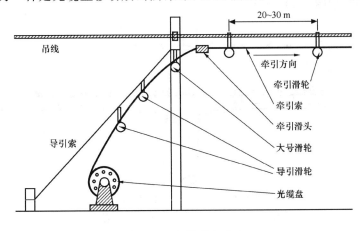

图 3.68　定滑轮牵引法

123

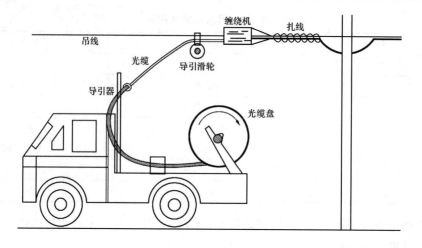

图 3.69　光缆盘移动放出法

2. 架空光缆敷设要求

① 架空光缆敷设后应自然平直,并保持不受拉力、应力,无扭转,无机械损伤。

② 架空光缆垂度为吊线原始垂度、光缆结构重量及架挂方式多方面因素形成。

③ 应根据设计要求选用光缆的挂钩程式,如表 3.7 所示。光缆挂钩的间距应为 500 mm,允许偏差为 $\pm30\text{ mm}$。挂钩在吊线上的搭扣方向应一致,挂钩托板应安装齐全、整齐。

表 3.7　光缆挂钩程式表

挂钩规程/mm	用于光缆的外径/mm	用于吊线的规格	挂钩自重/(N·只$^{-1}$)
25	<12	7/2.2	0.36
35	12~17	7/2.2	0.47
45	18~23	7/2.2	0.54
55	24~32	7/2.6	0.69
65	>33	7/3.0	1.03

④ 在电杆两侧的第一只挂钩应各距电杆 250 mm,允许偏差 $\pm20\text{ mm}$。

⑤ 布放吊挂式架空光缆时应在每 1~3 根杆上做一处伸缩预留。伸缩预留在电杆两侧的扎带间下垂 200 mm,伸缩预留安装方式应符合图 3.70 的要求。光缆经十字吊线或丁字吊线处也应安装保护管,如图 3.71 所示。

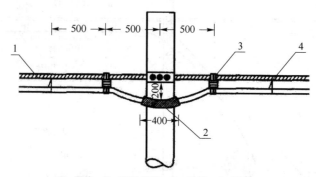

1—吊线;2—聚乙烯管;3—扎带;4—挂钩。

图 3.70　光缆在杆上伸缩预留示意图

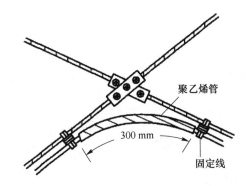

图 3.71　光缆在十字吊线处保护示意图

⑥ 架空光缆在吊线接头处的吊扎方式如图 3.72 所示。

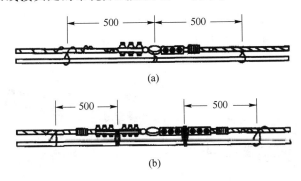

图 3.72　架空光缆在吊线接头处的吊扎方式

⑦ 架空光缆接头在吊线上的吊扎如图 3.73 所示。

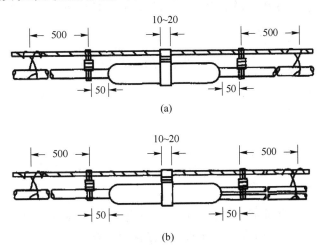

图 3.73　架空光缆接头在吊线上的吊扎

⑧ 架空光缆在十字吊线处的吊扎方式如图 3.74 所示。

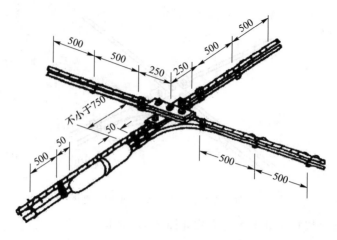

图 3.74 架空光缆在十字吊线处的吊扎方式

⑨ 架空光缆在丁字吊线处的吊扎方式如图 3.75 所示。

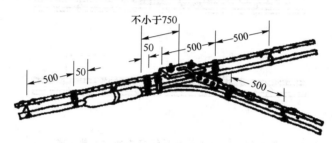

图 3.75 架空光缆在丁字吊线处的吊扎方式

⑩ 跨越大河、山谷等特殊地段采用飞线架设时,必须按要求敷设安装。

3.3 脚扣登杆

<主要考点>

• 能使用脚扣上杆★(五级)

<主要内容>

登杆是进行架空线路作业时必备的一项基本技能,其方式通常包括利用脚扣上杆和利用登高板上杆两种,本节介绍利用脚扣上杆的方法及注意事项。

1. 登杆工具和器材

电杆、脚扣、保安带、安全帽和绝缘鞋等。

2. 操作方法和步骤

(1)上杆前检查

按照《电信线路安全技术操作规程》进行上杆前检查,检查的主要内容如下所述。

① 检查杆根是否有断裂危险,电杆埋深是否达到要求。

②检查电杆附近地区有无电力线和其他障碍物。

③检查脚扣和保安带是否牢固。

④检查工具和器材是否齐全等。

（2）上杆操作方法

①将保安带系在腰下臀部位置。

②上杆时不能携带笨重料具，上、下杆时不能丢下器材和工具。

③保安带系牢杆子或保安带不系牢杆子都可以。

④上杆时脚尖向上勾起，往杆子方向微侧，脚扣套入杆脚向下蹬，如图3.76所示。

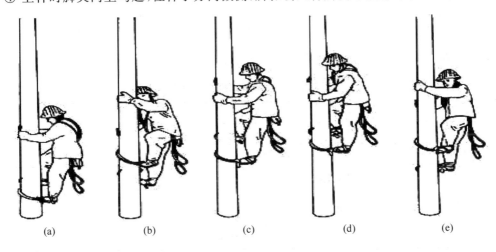

图 3.76 登杆示意图

⑤上杆时，人不得贴住杆子，应离杆子20～30 cm，人的腰杆挺直不得左右摇晃，目视水平前方，双手抱住杆子。

⑥双手与脚协调配合交叉上杆。

⑦到达杆上操作位置时，系好保安带，并锁好保安带的保险环。保安带系在距杆梢50 cm以上的位置。

⑧用试电笔检测杆上金属体是否带电，使用试电笔时不得戴手套（遇到太阳光时另一只手遮住太阳光观察试电笔）。

⑨开始杆上操作。

⑩下杆时动作与上杆一致。

⑪下杆后整理好器材和工具。

3.4 测试仪表的使用

＜主要考点＞

• 地阻仪等测试仪表的使用方法（三级）

• 能用地阻仪等常用仪表测量吊线接地电阻（三级）

<主要内容>

1. 接地电阻的标准值

① 架空电缆吊线接地电阻和全塑电缆金属屏蔽层接地电阻的标准值如表3.8所示。

表3.8 架空电缆吊线、全塑电缆金属屏蔽层接地电阻的标准值

土质	普通土	砂黏土	砂土	石质地
土壤电阻率/(Ω·m)	100以下	101~300	301~500	500以上
接地电阻/Ω	20	30	35	45

② 电杆避雷线接地电阻的标准值如表3.9所示。

表3.9 电杆避雷线接地电阻表

土质	普通土	砂黏土	砂土	石质地
土壤电阻率/(Ω·m)	100以下	101~300	301~500	500以上
接地电阻/Ω	80	100	150	200

注:与10 kV电力线交越杆避雷接地电阻为25 Ω。

③ 分线箱地线接地电阻的标准值如表3.10所示。

表3.10 分线箱接地电阻表

土质		普通土	砂黏土	砂土	石质地
土壤电阻率/(Ω·m)		100以下	101~300	301~500	500以上
分线箱接地电阻/Ω	10对以下	30	40	50	67
	11~20对	16	20	30	37
	21对以上	13	17	24	30

④ 交接设备接地电阻:不大于10 Ω。

⑤ 用户保安器接地电阻:不大于50 Ω。

⑥ 防止电信线受高压电力线危险及干扰影响的地线,其接地电阻应按设计要求。

⑦ 光缆金属屏蔽层接地电阻(待定)。

大地能够导电是由于土壤中的电介质的作用,测量接地电阻时,加上电流即会引起化学极化作用,故测量接地电阻时一般都是采用交流来进行测量。在土壤电导系数均匀的情况下,电流在大地中的分布相近,接地电阻绝大部分由埋入接地电极附近半球范围之内的土壤所造成,因此在测量地阻时,将一辅助地气棒插入距被测电极一定距离的大地中,即可测出被测电极与辅助电极之间的电阻。为避免测定值把辅助电极的电阻包含在内,一般采用两个辅助电极,一个供电流导入大地,称电流极,另一个供测量电压,称电位极。接地电阻随季节气候的变化而变动,因此必须定期测试接地电阻值。

2. ZC-8型接地电阻测试仪的使用

(1) ZC-8型接地电阻测试仪

ZC-8型接地电阻测试仪一般由手摇发电机、电流互感器、检流计等组成,其面板如

图 3.77 所示。

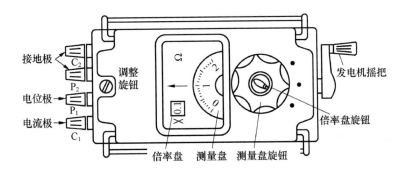

图 3.77　ZC-8 型接地电阻测试仪

接线端钮：接地极(C_2、P_2)、电位极(P_1)、电流极(C_1)，用于连接相应的探测针。

调整旋钮：用于检流计指针调零。

倍率盘：显示测试倍率，包括×0.1、×1、×10。

测量盘：测试标度所测接地电阻阻值。

测量盘旋钮：用于测试中的调节，使检流计指针指于中心线。

倍率盘旋钮：调节测试倍率。

发电机摇把：手摇发电，为地阻仪提供测试电源。

（2）使用方法

测试接地电阻的连接方法如图 3.78 所示。

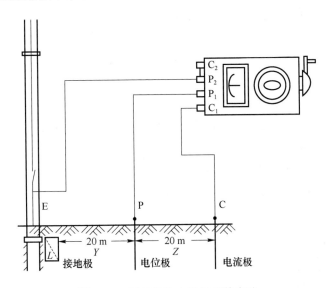

图 3.78　测试接地电阻的连接方法

① 被测接地导体（棒或板）按表 3.11 中的距离，依直线方式埋设辅助探棒。

表 3.11 接地导体的参数

接地导体形状		Y/m	Z/m
棒与板	$L \leqslant 4\text{ m}$	$\geqslant 20$	$\geqslant 20$
	$L > 4\text{ m}$	$\geqslant 5L$	$\geqslant 40$
沿地面成带状或网状	$L > 4\text{ m}$	$\geqslant 5L$	$\geqslant 40$

注:国产各地接地电阻测试仪表,其接线端子的代表符号都不一样,其用途相差不多,使用前应注意使用说明。

如所测地气棒埋深 2 m,则按表 3.11 中小于 4 m 的规定操作,依直线丈量 20 m,埋设一根地气棒,作为电位极(P_1 或 P),再续量 20 m,埋设一根地气棒,作为电流极(C_1 或 C),如图 3.78 所示。

② 连接测试导线:用 5 m 导线连接 E(P_2)端子与接地极,电位极用 20 m 导线接至 P 端子,电流极用 40 m 导线接至 C 端子。

③ 将表放平,检查表针是否指向零位,若不为零则应将其调节到"0"。

④ 调动倍率盘到某数位置,如×0.1,×1,×10。

⑤ 以每分钟 120 转的转速摇动发电机,同时转动测量盘使表针稳定在"0"位上不动。此时测量盘指示的刻度读数乘以倍率读数即被测电阻值:

$$被测电阻值(\Omega) = 测量盘指数 \times 倍率盘指数$$

⑥ 当检流表的灵敏度过高时,可使 P(电位极)地气棒插入土壤浅一些。当检流表的灵敏度过低时,可在 P 棒和 C 棒周围浇上一点水,使土壤湿润,但应注意,绝不能浇水太多,土壤湿度过大会造成测量误差。

⑦ 当有雷电或被测物带电时,应严格禁止进行测量工作。

课后练习

1. 测量直线段的要点是什么?如何保证所树标杆在一条直线上?

2. 简述垂线测量的方法。

3. 简述角深的定义,并说明施工现场如何测量。

4. 如何正确确定角杆的位置?

5. 简述双转角的作用、测量方法。

6. 简述拉线的作用、种类。

7. 施工现场如何测量拉线?

8. 拉线洞的位置如何测定?

9. 如何测量跨越的宽度?

10. 作出对顶角直角三角形测量法测量宽度的示意图,并写出计算公式。

11. 简述吊线常用规格和接续方式。

12. 简述水泥电杆的洞深标准。

13. 简述架空杆路施工图的绘制要领。

14. 如何检验脚扣？

15. 上下电杆的注意事项有哪些？

16. 拉线上把的制作方式有几种？

17. 简述各种拉线式相应的制作方式的尺寸要求。

第4章 楼宇布线与维护

4.1 用户室内布线基础

<主要考点>

- 用户引入线和室内电话线的规格、类型、电气特性，以及架设、布线标准（五级）
- 网线规格、类型和电气特性，以及架设、布线标准（五级）
- RJ45 接头制作和测试方法（四级）
- 网线测试仪的使用方法（四级）

<主要内容>

4.1.1 用户引入线的定义及分类

用户引入线是指用户接入点到用户终端之间的线缆引入，从类型上可分为光缆引入线和电缆引入线。从光缆分纤设备或光网络单元（ONU）设备到用户的这一段线路称作光缆引入线，又称入户光缆；从电缆分线设备到用户话机的这一段线路称作电缆引入线。

光缆引入线的性能应符合 GB/T 7424《光缆总规范》、GB/T 9771《通信用单模光纤》、YD/T 1258《室内光缆系列》的规定。通常光缆引入线的规格与普通光缆的大致相同，可根据光缆中光纤的芯数和类别划分，常用的光纤类别如下所述。

B1.3：波长段扩展的非色散位移单模光纤。

B6a/b：弯曲损耗不敏感光纤 A 类（G.657.A）/B 类（G.657.B）。

根据光缆引入线的结构，可分为室内引入线光缆和带增强件的自承式引入线光缆。

电缆引入线可分为室外引入线和室内引入线。室外引入线指从电缆分线盒至用户门口的线路，通常使用铜芯双绞线；室内引入线指从用户门口至用户终端设备的线路，使用多股平行线、多股双绞线、室内双绞线、五类线、六类线等。

4.1.2 入户光缆技术要求

光缆的入户目前主要采用的是皮线光缆，当然也可以根据现场环境选择合适的光缆种类，从施工难易程度和节约投资的角度来看，皮线光缆是性价比较高的选择。

1．入户光缆敷设技术要求

楼内入户光缆敷设技术主要分为垂直方向和水平方向。垂直方向的皮线光缆敷设主要在弱电井内,采用电缆桥架或电缆走线槽方式敷设。电缆桥架或电缆走线槽宜采用金属材料制作,线槽的截面利用率不应超过 50％。在没有竖井的建筑物内可采用预埋暗管方式敷设,暗管宜采用钢管或阻燃硬质 PVC 管,管径不宜小于 50 mm。直线管的管径利用率不超过 60％,弯管的管径利用率不超过 50％。

水平方向入户光缆通常使用直径为 15～25 mm 的阻燃硬质 PVC 线管(槽)明装或预埋钢管。光缆线槽、桥架安装的高度应超过地面 2.2 m 以上,同时距顶部楼板不小于 0.3 m,在过梁或其他障碍物处不宜小于 0.1 m;桥架、线槽在垂直安装时,固定点的间距应不大于 2 m,距终端及进出箱(盒)不应大于 0.3 m,安装时应注意保持垂直、排列整齐、紧贴墙体;线槽不应在穿越楼板或墙体处进行连接。

楼内暗管直线预埋管的长度应尽量小于 30 m,若长度须超过 30 m 则应增设过路箱;同一段预埋管的水平方向弯曲不得超过两次,防止形成"S"弯;暗管的弯曲半径应大于管径 10 倍。当外径小于 25 mm 时,其弯曲半径应大于管径 6 倍,弯曲角度不得小于 90°。

对于没有预埋穿线管的楼宇,入户光缆还可以采用钉固方式沿墙明敷。明敷路线应选择不易受外力碰撞、安全的地方。采用钉固式时应每隔 30 cm 用塑料卡钉固定,注意在钉固卡钉时不得损伤光缆。用钉固方式布放光缆需穿越墙体时应套保护管。

在暗管中敷设入户光缆时,可采用液状石蜡、滑石粉等无机润滑材料。竖向管中允许穿放多根入户光缆。水平管宜穿放一根皮线光缆,从光分纤箱到用户家庭光缆终端盒宜单独敷设,避免与其他线缆共穿一根预埋管。

线槽内敷设光缆应顺直不交叉,光缆在线槽进出位置、转弯处应绑扎固定;垂直线槽内光缆应每隔 1.5 m 固定一次。

桥架内光缆垂直敷设时,自光缆的上端向下,每隔 1.5 m 绑扎固定;水平敷设时,在光缆的首尾、转弯处和每隔 5～10 m 处应绑扎固定。

在敷设皮线光缆时,牵引力不应超过光缆最大允许张力的 80％;瞬间最大牵引力不得超过光缆最大允许张力的 100％。光缆敷设完毕后应释放张力,保持自然弯曲状态。

皮线光缆敷设的最小弯曲半径应符合下列要求。

① 敷设过程中皮线光缆的弯曲半径不应小于 40 mm。

② 固定后皮线光缆的弯曲半径不应小于 15 mm。

布放皮线光缆两端预留的长度应满足下列要求。

① 楼层光分路箱一端预留 1 m。

② 用户光缆终端盒一端预留 0.5 m。

皮线光缆在户外采用挂墙或架空敷设时,可采用自承皮线光缆,应将皮线光缆的钢丝适当收紧,并按要求固定牢固。皮线光缆不能长期浸泡在水中,一般不适宜直接在地下管道中敷设。

2．入户光缆接续要求

(1) 光纤的接续方法

光纤的接续方法分为热熔和冷接两类。常规光缆接续通常采用热熔接方式,熔接损耗低;而皮线光缆,特别是针对单个用户使用的皮线光缆接续通常采用冷接子机械接续方式,接续方便。

（2）光纤接续衰减

不同的方式造成的接续衰减不同，单芯光纤双向熔接衰减平均值应不大于 0.08 dB/芯，而采用机械接续时单芯光纤双向平均衰减值应不大于 0.15 dB/芯。

（3）皮线光缆盘绕

皮线光缆进入光分纤箱采用冷接子机械接续方式接续完毕后，尾纤和皮线光缆应严格按照光分配箱规定的走向布放，要求排列整齐，将冷接子和多余的尾纤和皮线光缆有序地盘绕和固定在熔接盘中。

（4）楼层光分纤箱及用户光缆终端盒安装技术要求

① 楼层光分纤箱等必须安装在建筑物的公共部位，应安全可靠、便于维护。

② 楼层光分纤箱安装高度，以箱体底边距地坪 1.2 m 为宜。

③ 用户端光缆终端盒宜安装固定在墙壁上，以盒底边距地坪 0.3 m 为宜。

④ 在用户家庭采用综合信息箱作为终端时，其安装位置应选择在家庭布线系统的汇聚点，即线路进出和维护方便的位置。箱内的 220 V 电源线的布放应尽量靠边，电源线中间不得做接头，电源的金属部分不得外露，通电前必须检查线路是否安装完毕，以防发生触电等事故。

4.1.3　入户光缆施工工艺

① 入户光缆的规格程式、走向、路由应符合设计文件的规定，不宜与电力电缆交越，无法满足时，必须采用相应的保护措施。

② 入户光缆的布放应顺直，无明显扭绞和交叉，不应受到外力的挤压和操作损伤。

③ 入户光缆转弯处应均匀圆滑，其曲度半径应大于 30 mm。

④ 入户光缆两端应有统一的标识，标识上宜注明两端连接的位置，标签书写应清晰、端正和正确。标签应选用不易损坏的材料。

⑤ 电源线、入户光缆及建筑物内其他弱电系统的缆线应分离布放，各缆线间的最小净距应符合设计和表 4.1 的要求。

表 4.1　建筑物内通信管线与其他管线净距

管线类别	平行净距/mm	交叉净距/mm
电力线	150	50
给水管	150	20
压缩空气管	150	20
热力管（不包封）	500	500
热力管（包封）	300	300
煤气管	300	20

⑥ 入户光缆室内走线应尽量安装在暗管、桥架或线槽内。

⑦ 入户光缆的敷设应严格做到"防火、防鼠、防挤压"要求。

⑧ 楼道垂直于平行交叉处入户光缆布放应做保护处理。

⑨ 楼道内垂直部分入户光缆的布放应每隔 1.5 m 进行捆绑固定，以防下坠力对纤芯造成伤害。

⑩ 入户光缆在管孔、转弯以及熔接、成端等处的预留按照设计要求。

4.1.4　电缆引入线技术要求

从电缆分线设备到用户话机的这一段线路称作用户引入线。用户引入线分为两部分,即分线设备下线和用户室内皮线。分线设备下线是指从分线设备接线柱起经分线设备出口至用户室外皮线的第一终端支持物。由分线设备下线终端第一支持物至用户保安器外线端为用户室内皮线。用户引入线一般选用小对数电缆或用户皮线,电缆一般采用自承式同心型全塑电缆,用户皮线则多用平行塑料护套线。用户引入线应在 100 m 以下(有杆档皮线者除外),引入线长度不宜超过 200 m。

1. 电缆引入线的施工要求

皮线的导线应该连接在分线设备接线柱螺母的两垫片之间并绕接线柱一周,皮线绝缘物应紧靠垫片边缘,最大间隙应小于 2.5 m。分线设备内的皮线应走向整齐、合理,连接良好,皮线出分线设备口应有余线、弯曲,如图 4.1 所示。

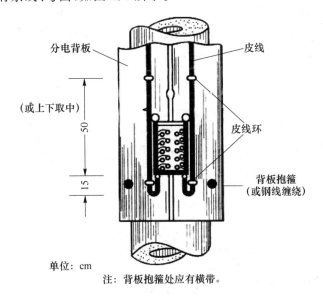

单位: cm

注: 背板抱箍处应有横带。

图 4.1　皮线施工要求

用户引入设备包括绝缘子(多沟绝缘子、鼓型绝缘子、小号绝缘子、双重绝缘子等)、插墙担、L 型卡担、地线装置、用户保安器等。在电杆上装设绝缘子时应装在线路有下线的一侧,线路两侧均有用户时,应在电杆两侧分别装设,绝缘子的装设如图 4.2 所示。

皮线在各种情况下的捆扎方法如图 4.3 所示。皮线在多沟绝缘子上做终端的捆扎方法如图 4.4 所示。

用户引入线在跨越胡同或街道时,其最低点与地面的垂直距离不得小于 4.5 m。用户引入线由室外引入室内的穿线孔,室内应比室外高 10～20 mm。皮线布设应尽量美观、整齐。皮线自高位引入时,应在室外进入穿线孔处略向下留一小余弯;皮线从下方引入室内时,可直接引入穿线孔,如图 4.5 所示。

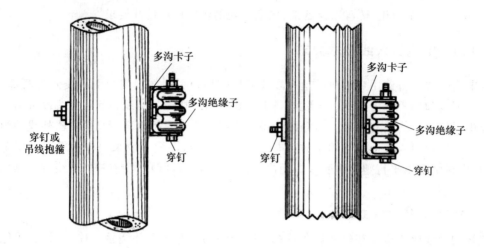

图 4.2　在电杆上装设绝缘子

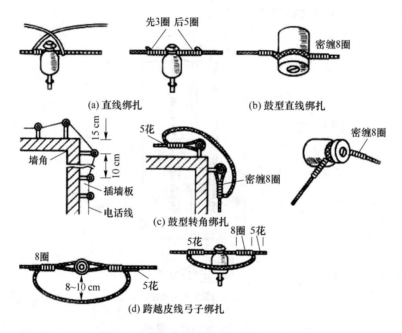

(a) 直线绑扎　　　　　　　(b) 鼓型直线绑扎

(c) 鼓型转角绑扎

(d) 跨越皮线弓子绑扎

图 4.3　皮线在各种情况下的捆扎方法

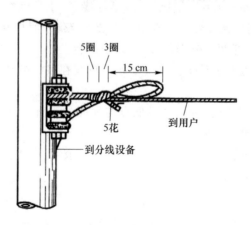

图 4.4　皮线在多沟绝缘子上做终端的捆扎方法

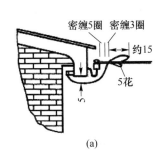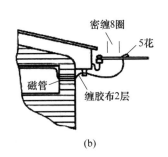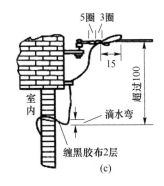

图 4.5　用户引入线引入室内

2. 电缆引入线施工工艺

① 缆线的型式、规格应与设计规定相符合。

② 电缆的布放应自然平直,不得产生扭绞、打圈、接头等现象,不应受外力的挤压和损失。

③ 室内缆线在布放时应尽量远离室内的强磁场源,避免电磁干扰。

④ 局端缆线应贴有标签,应标明编号,标签书写应清晰、端正和正确,标签应选用不易损坏、不易污染的材料。

⑤ 缆线终结后应有余量。交接间、设备间对绞电缆预留长度宜为 0.5 m,有特殊要求的应按设计要求预留长度。

3. 缆线的弯曲半径

缆线的弯曲半径应符合下列规定。

① 非屏蔽 4 对对绞线电缆的弯曲半径应至少为电缆外径的 4 倍。

② 屏蔽 4 对对绞线电缆的弯曲半径应至少为电缆外径的 6～10 倍。

4.2　建筑物楼道布线基础

＜主要考点＞

- 墙壁安装支撑物的标准和要求(四级)
- 交接箱、卡接模块、分线盒模块的型号、规格和用途(四级)
- 皮线光缆的规格、类型、特性及布放标准(五级)
- 皮线光缆安装操作方法、规范(四级)
- 冷接头的制作步骤及要求(四级)

＜主要内容＞

4.2.1　建筑物内布线基础

目前,通信网络在建筑物内的布线采用管道敷设和墙壁敷设两种方式的结合。管道敷设需要预先敷设管道,成本高,但更加隐蔽、安全和美观;墙壁敷设施工简单,成本低,但明敷线路安全性和美观性稍差。因此,在条件允许的情况下,建筑物内应尽可能预设暗管,但由于通信用户布线有其变更频繁的特殊性,再加上有些老式建筑管道敷设不能满足需求,会使用到墙壁敷设方式。

1. 管道敷设

暗管一般采用钢管或塑料管。钢管的机械强度大、使用年限长,但重量大、成本高。塑料管一般采用聚氯乙烯管,在楼内布线中有更多的优点:重量轻,减少房屋负重;管壁光滑、阻力小,布放电缆时引起损伤的机会少;施工难度低,易于弯曲,可根据房屋轮廓弯成不同形状;绝缘性好,与电力线缆平行或交叉时,能够起保护作用;不怕腐蚀,适宜敷设在近海潮湿地区;价格低廉,节约工程成本。

暗管两端管口应注意保持光滑,有条件时应衬垫橡皮,以保护线缆。暗管敷设中不应有两个以上的转角,转弯的曲率半径应大于可穿放最大线缆的最小曲率半径,转弯角度必须大于 90°。

(1) 水平暗管的线缆布放

水平暗管布放线缆前应检查管控位置、线缆规格程式、管口是否倒钝,确认布放过程是否会损伤线缆,然后由人向前牵动管内引线,检查管路是否畅通,如发现管路不够畅通,应检查原因,排除障碍或进行润滑,然后再使用网套牵引头牵引线缆进入暗管。

(2) 垂直暗管的线缆布放

垂直暗管线缆布放与水平暗管基本相同,需要注意的是,垂直方向的牵引一般是自上而下,利用线缆自身重力降低施工难度,特殊情况下也可采用自下而上的方式布放。如果垂直方向需要跨楼层,则中间楼层需有人监护线缆布放情况。

线缆跳接或终结的配线箱内都应留有一定余量,余长线缆应当圈放捆扎好放于配线箱内,箱体管孔与电缆之间的空隙应使用面纱等材料堵塞。

2. 墙壁敷设

(1) 墙壁敷设线缆的要求

① 墙壁敷设线缆时要求缆线距地面的高度不小于 4.5 m。如果需要跨越过街楼,缆线高度应不低于过街楼底层的高度。

② 同样需注意墙壁线缆与其他管线间的最小间隔,具体规定请参照表 4.1。

③ 墙壁线缆穿越墙壁时需在墙壁内预留穿墙管。一般穿墙管不宜埋放在承重墙或整体结构上,应选择钻墙或泡沫混凝土墙体打墙洞。

④ 穿墙管的直径应比需布放的线缆直径大三分之一左右,注意外墙位置向下倾斜 2 cm,防止雨水通过穿墙管流入室内。

(2) 敷设方式

承重物的安装是布线过程中比较重要的一道工序。对于不同的线缆和不同的位置,使用的承重器件也是不同的。

1) 自承式线缆

自承式线缆布线根据所在位置的不同可以分为自承式线缆直线架设、自承式线缆做终端、自承式线缆转角架设。

自承式线缆直线架设采用的承重器件为角钢墙担,其安装如图 4.6 所示。

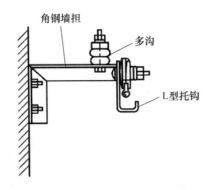

图 4.6 自承式线缆直线架设安装方法

当自承式线缆做终端时,应水平安装终端转角墙担,平面朝上,墙担的固定应使用金属膨胀螺栓,如图 4.7 所示。

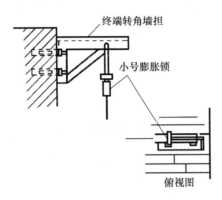

图 4.7 终端墙担安装

自承式线缆转角处应安装转角墙担,阳角和阴角的安装方式如图 4.8 所示。

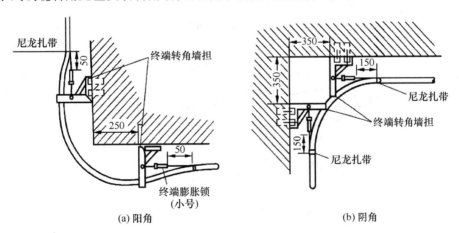

图 4.8 转角墙担的安装方式

2)吊线式线缆

吊线式线缆在墙壁上敷设的方式包括水平敷设和垂直敷设两种。水平敷设时终端可采用有眼拉攀,中间支撑物用吊线支架装设,终端装置和中间支撑物均利用金属膨胀螺栓固定于墙壁上;如线缆遇上墙壁凸出部分,需架设凸出支架装置。垂直敷设时,终端固定物采用终端拉

139

攀装置、有眼拉攀装置或者双插墙担,吊线终端采用 U 型钢卡,支撑物之间的最大跨距应小于 20 m。

有眼拉攀固定方式如图 4.9 所示。

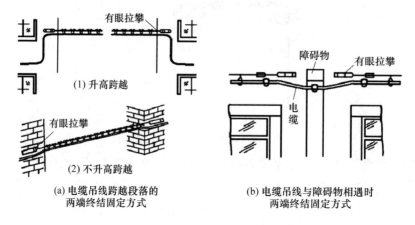

图 4.9　有眼拉攀固定方式

凸出支架方式如图 4.10 所示。

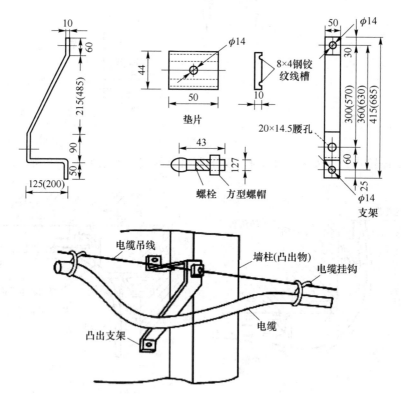

图 4.10　凸出支架方式

另外,也可以采用 L 型卡担,根据现场情况架设卡担,如图 4.11 所示。

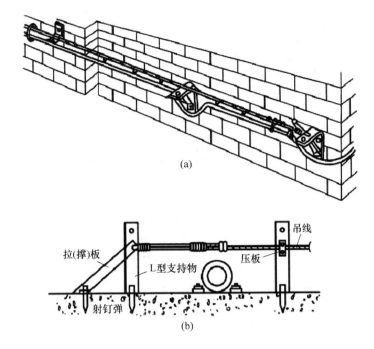

(a)

(b)

图 4.11 吊线卡担安装

吊线式墙壁线缆的吊线终端一般使用 U 型钢卡固定，如图 4.12 所示。

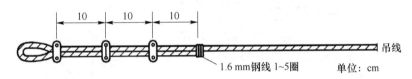

图 4.12 U 型钢卡固定

3）钉固定式墙壁线缆

这种固定方式也叫作卡钩式固定，即根据墙体情况选择使用膨胀螺钉、木塞木螺钉、水泥钢钉、射钉等卡钩，将线缆沿墙卡挂。由于卡钩的形状不同，钉固定方式也不同。钉固单卡钩的螺钉应置于线缆下方；用挂带式卡钩卡挂沿墙线缆时，钉固挂带的螺钉应置于线缆下方；采用 U 型卡钩（骑马钉）时线缆上、下应各钉一颗螺钉。但无论采用哪种方法卡挂线缆，钉固螺钉均应在线缆上下的一方或两方。

安装卡钩时，卡钩的间隔距离应均匀。水平方向布线卡钩间距约 50 cm，垂直方向布线卡钩间距约 100 cm。如果遇到转弯或其他特殊情况，应灵活缩短或延长卡钩距离，以确保转弯前后 10～25 cm 处有卡钩或挂带固定。垂直方向的单卡钩眼应在线缆右侧。卡钩的安装如图 4.13 所示。

4）线缆沿凸出物布放

线缆沿建筑物凸出位置布放时，应以不影响其他设施使用（如门窗的开闭）为前提。通常可以沿连续或间断的凸出物布放，布线应符合规范，保持整洁美观，如图 4.14 所示。

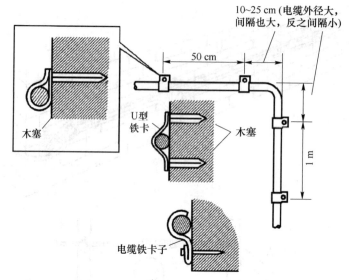

注：除木板墙外均应加木塞用$1\frac{1}{2}$~2钉子固定或用扩张钉及木螺丝固定。

图 4.13　卡钩的安装方法

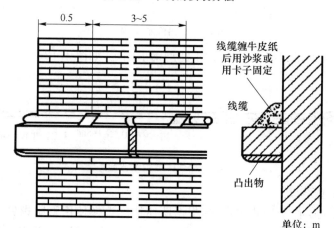

图 4.14　墙壁线缆沿楼层凸出物布放

4.2.2　布线设备基础知识

网络中的线缆跨越不同网络层次时，需要用一些终端设备或跳接设备来实现端接和调度，因此会使用到不同的布线设备。常用的设备有交接箱、配线箱、分线箱、分线盒等，本节主要介绍交接箱、卡接模块和分线盒三种设备。

1. 交接箱

交接箱是用户线路中非常常见的配线设备，能够利用跳线连接主干线路和配线线路，使主干线路和配线线路通过跳线任意连通，实现线对的灵活调度。

根据安装方式，交接箱可分为架空交接箱、落地式交接箱和壁挂式交接箱。按箱体结构交接箱可分为单开门交接箱和双开门交接箱。根据进出线对总容量，交接箱可分为单面模块交接箱和双面模块交接箱。根据调度线缆类别，交接箱可分为光缆交接箱和电缆交接箱，光缆交接箱为主干光缆和配线光缆提供成端和跳接,光网络大规模建设后,光缆交接箱逐渐取代了电缆交接箱的地位。光缆交接箱的型号根据其容纳的光纤芯数可以分为 72 芯、96 芯、144 芯、216 芯、288 芯、432 芯、567 芯、720 芯、864 芯和 1152 芯光交接箱;根据交接箱内部跳线方式可以分为普通光交接箱和免跳光交接箱。电缆交接箱根据电缆芯线的连接方式可以分为模块卡接式和旋转卡接式,其中模块卡接式线对密度大,主要用于容量较大的场合,可分为科隆模块式和 3M 模块式,旋转卡接式线对密度小,主要用于容量较小的场合,可分为直立式和斜立式;按交接箱内有无接线端子可以分为无端子交接箱和有端子交接箱。

不同类别的交接箱的使用场景是不一样的,应根据现场条件和环境选用。如果安装位置地势平坦,接入的主干电缆和配线电缆采用地下敷设,或是主干电缆采用地下敷设,配线电缆采用架空方式敷设,则选择落地式交接箱;如果安装位置建筑物稀少,位置空旷,主干电缆和配线电缆采用架空方式敷设,则选择架空交接箱。另外,可根据覆盖的用户密度和业务发展来确定交接箱的容量。

交接箱安装中要注意室外交接箱箱体应能防尘、防水、防腐蚀并且带有闭锁装置,交接箱需安装底线,其接地电阻应小于 1 Ω。落地式交接箱采用混凝土底座,底座与人(手)井采用管道连通,注意管道与底座及箱体之间都应有防潮措施。有端子的电缆交接箱中接线端子的电气特性在温度为 20±5℃、相对湿度小于等于 80% 时测量应符合下列要求。

① 接线端子与箱体之间、接线端子之间用 500 V 兆欧计测量电阻不低于 1 000 MΩ。

② 接线端子与箱体之间、接线端子之间加 50 Hz、500 V 交流电源 1 分钟后不得击穿且不损坏绝缘。

2. 卡接模块

卡接模块根据卡接方式分为直卡式模块和旋卡式模块。

(1) 直卡式模块

直卡式模块也称科隆模块,分为上、下两排接口,面对模块上面线槽接跳线,下面线槽接成端电缆,一一对应,两端线是水平的,如图 4.15 所示。科隆模块常见的型号有 10 对、100 对、300 对,可根据交接箱空间和线缆需求灵活组合,一般按四列模块安装,每列 300 对线,共计 1 200 对。

跳线卡接槽

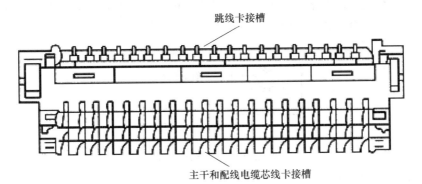

主干和配线电缆芯线卡接槽

图 4.15　直卡式模块

(2) 旋卡式模块

每一个模块为 25 对回线,与全塑电缆缆芯中的基本单位一致。模块背面端子按 25 对色谱芯线线序接入,模块正面端子连接跳线。直立式的卡线方法是用规格合适的平口旋凿插入接续元件端部,顺时针旋转90°,将下部多余部分芯线切断,连接完成。斜立式插入旋转模块的芯线连接,只需将待接芯线直接插入元件孔内,其他操作与"直立式"插入旋转模块相同。

3. 分线盒

分线盒是一种不带保安装置的电、光缆分线设备,其连接作用与分线箱完全相同,分线盒连接的是配线电、光缆和用户线路部分,是配线电、光缆的终结。分线盒内部设有一层由透明有机玻璃制成的接线端子板,将分线盒分为内、外部分,接线时尾巴电缆在端子板内层与接线柱相连,外层和皮线相连,使用全色谱全塑电缆,很容易从外层看清内层的芯线颜色,给维护施工带来了方便。

分线盒根据接续方式可分为压接式和卡接式,卡接式分线盒的芯线或皮线的接续不需要剥除绝缘层,用专业工具旋转推进盖,将芯线或皮线插入推进盖孔,再旋入压紧推进盖即可;分线盒按容量可以分为5对、10对、20对、30对、50对、100对等型号。

由于分线盒没有保安装置,因此一般用于无强电流或电压侵入的场合,目前主要安装于街道杆路和建筑物的内墙或外墙。分线盒的进线国家标准有明确规定,电缆从分线盒下端进线,以防止雨水浸入分线盒内。

4.2.3 缆线施工与端接

1. 皮线光缆

皮线光缆是光纤接入网中完成用户设备与分线设备连接的重要媒介,也称室内悬挂式布线光缆或蝶形引入光缆。

皮线光缆分为室外使用和室内使用两种,室外使用的皮线光缆为自承式皮线光缆,室内使用的是普通皮线光缆。皮线光缆根据纤芯数量可分为单芯、双芯、四芯皮线光缆;根据纤芯特性可分为单模光缆和多模光缆;根据加强件的不同可分为金属加强和非金属加强,考虑防雷击和防强电干扰等因素,建筑物内通常采用非金属加强件皮线光缆。

皮线光缆的结构与普通光缆相同,由缆芯、非金属或金属加强件和护套构成。普通皮线光缆呈"8"字型结构,如图4.16所示,两个平行的加强芯中间放置纤芯;如果是自承式皮线光缆则在普通皮线光缆的基础上增加一根粗钢丝吊线。由于皮线光缆的使用场所更为复杂,其弯曲性能和抗拉伸性能会比普通光缆更好。

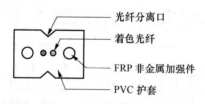

图4.16 皮线光缆的结构

（1）皮线光缆的特性参数

皮线光缆的特性参数除了常规光纤特性,如模场直径、纤芯直径、衰减系数、截止波长外,还有更详细的弯曲半径、光纤弯曲损耗性能值和长期/短期的抗拉伸值。

1）弯曲半径

弯曲半径又称曲率半径,将线缆上弯曲的一小段用一圆弧代替,这段圆弧所属圆的半径即为弯曲半径。弯曲半径分为静态弯曲半径和动态弯曲半径,分别表示光纤在静止状态和运动状态能承受的最小的弯曲半径值。对于给定的折射率差、工作波长和截止波长,光纤会存在一个最小的弯曲半径,当光纤的实际弯曲半径接近或超过这个临界的弯曲半径,光纤的弯曲损耗会急剧增加,截止波长也将减小,光纤传输性能急剧恶化。光纤的弯曲半径表现了光纤特性对弯曲的敏感性,可以与模场直径、截止波长结合起来评估光纤。截止波长大而模场直径小的光纤更能耐受弯曲,这也是大部分光纤出厂的截止波长上限为 1 330 nm 以上的原因。

一般用光纤半径的倍数来表示最小弯曲半径,例如,室内皮线光缆(非金属)G.657A2 光纤静态弯曲半径为 10,代表光纤弯曲半径不能小于该光纤半径的 10 倍。

2)弯曲损耗

通过对光纤特性的学习,可以知道光纤的弯曲会破坏光的全反射传输,造成光功率的损失,这就是光纤损耗中的弯曲损耗。弯曲损耗分为宏弯损耗和微弯损耗两类,其中宏弯损耗占据主要影响。通过减少施工中的弯曲或者严格按规定施工都可以减少弯曲损耗值,但皮线光缆在敷设过程中必然会经过多次弯曲,因此与普通光纤相比应具有对弯曲损耗不敏感的特性,也就是能够大范围保持一个较小的弯曲损耗性能。通过对弯曲半径的学习,可知截止波长越大,模场直径越小,弯曲损耗就越小,所以皮线光缆通过折射率凹陷包层来减小光纤模场直径用以减小弯曲半径。例如,室内皮线光缆(非金属)G.657A2 在 1 550 nm 波长段时,弯曲半径为 15 mm,松绕 10 圈,损耗增加值小于 0.03 dB,弯曲半径为 10 mm,松绕 1 圈,损耗增加值应小于 0.1 dB。

3)拉伸性能和压扁性能

拉伸性能和压扁性能是皮线光缆的两类机械性能,拉伸性能表示皮线光缆在保持特定性能值的情况下能承受的最大拉伸力,包括短期拉伸力和长期拉伸力。压扁性能表示皮线光缆承受侧压的能力,也分为短期压扁力和长期压扁力。一般来说,这两个机械特性和光缆的加强件有关,室内皮线光缆金属加强的就比非金属加强的机械性能更好。

(2)皮线光缆的布放标准

1)施工规范

入户光缆敷设前应考虑用户住宅建筑物的类型、环境条件和已有线缆的敷设路由,同时需要对施工的经济性、安全性以及将来维护的便捷性和用户满意度进行综合判断。

应尽量利用已有的入户暗管敷设入户光缆,对于无入户暗管或入户暗管不可利用的住宅楼,宜通过在楼内布放波纹管的方式敷设蝶形引入光缆。

对于建有垂直布线桥架的住宅楼,宜在桥架内安装波纹管和楼层过路盒,用于穿放蝶形引入光缆。如桥架内无空间安装波纹管,则应采用缠绕管对敷设在内的蝶形引入光缆进行包扎,以对光缆进行保护。

由于蝶形引入光缆不能长期浸泡在水中,因此一般不适宜直接在地下管道中敷设。

敷设蝶形引入光缆的最小弯曲半径应符合:敷设过程中不应小于 30 mm;固定后不应小于 15 mm。

一般情况下,蝶形引入光缆敷设时的牵引力不宜超过光缆允许张力的 80%,瞬间最大牵引力不得超过光缆允许张力的 100%,且主要牵引力应加在光缆的加强构件上。

应使用光缆盘携带蝶形引入光缆,并在敷设光缆时使用放缆托架,使光缆盘能自动转动,以防止光缆被缠绕。

在光缆敷设过程中,应严格注意光纤的拉伸强度、弯曲半径,避免光纤被缠绕、扭转、损伤和踩踏。

在入户光缆敷设过程中,如发现可疑情况,应及时对光缆进行检测,确认光纤是否良好。

蝶形引入光缆敷设入户后,为制作光纤机械接续连接插头预留的长度宜符合:光缆分纤箱或光分路箱一侧预留 1.0 m,住户家庭信息配线箱或光纤面板插座一侧预留 0.5 m。应尽量在干净的环境中制作光纤机械接续连接插头,并保持手指的清洁。

入户光缆敷设完毕后应使用光源、光功率计对其进行测试,入户光缆段在 1 310 nm、1 490 nm 波长的光衰减值均应小于 1.5 dB,如入户光缆段光衰减值大于 1.5 dB,应对其进行修补,修补后还未得到改善的,需重新制作光纤机械接续连接插头或者重新敷设光缆。

入户光缆施工结束后,需用户签署完工确认单,并在确认单上记录入户光缆段的光衰减测定值,供日后维护参考。

2) 皮线光缆施工

① 皮线光缆施工时的主要器材如表 4.2 所示。

表 4.2　皮线光缆施工时的主要器材

器材	作用	图例
紧箍钢带	在电杆上固定挂杆设备、各类器件	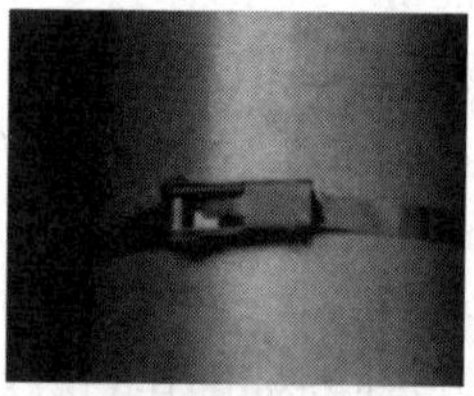
S 固定件	用于结扎自承式蝶形引入光缆的吊线,并将光缆拉挂在支撑件上	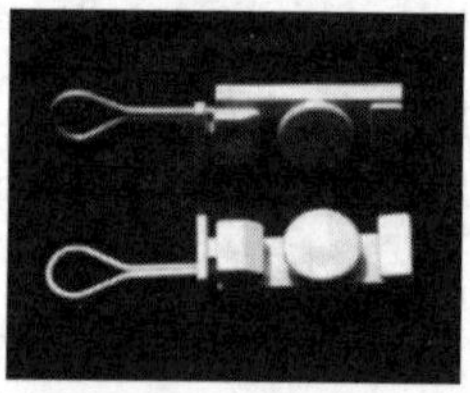
紧箍夹	在电杆上将紧箍钢带收紧并固定	
紧箍拉钩	采用紧箍钢带安装在电杆上,用于将 S 固定件拉挂固定在电杆上	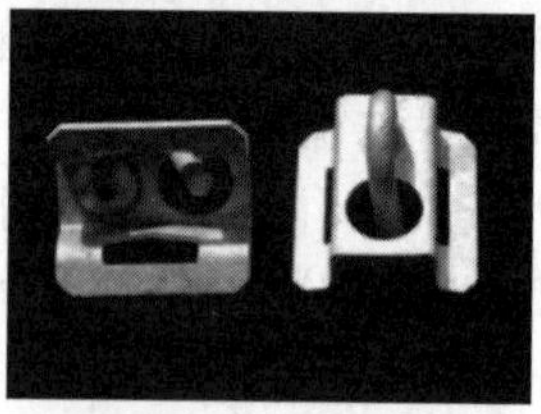
C 型拉钩	采用螺丝安装在建筑物外墙上,用于将 S 固定件拉挂固定在建筑物外墙上	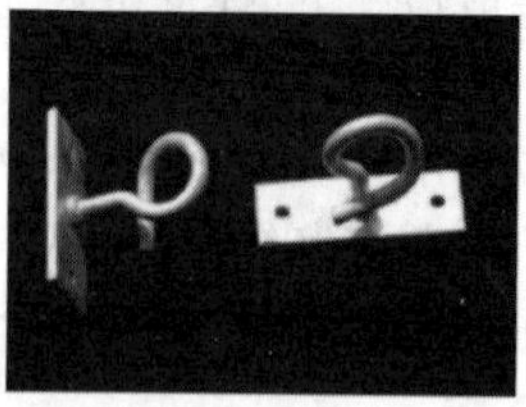

器材	作用	图例
理线钢圈	用于电杆上自承式蝶形引入光缆的垂直走线	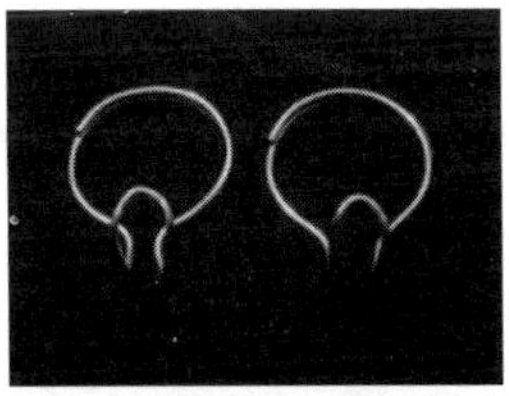
环型拉钩	采用自攻式螺丝端头,用于将 S 固定件拉挂固定在木质材料上	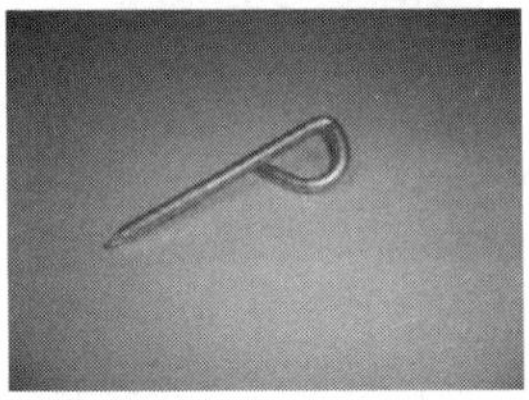
纵包管	采用纵向叠包方式对蝶形引入光缆进行包扎保护,主要用于使用支撑件布缆时对自承式蝶形引入光缆结扎处的保护	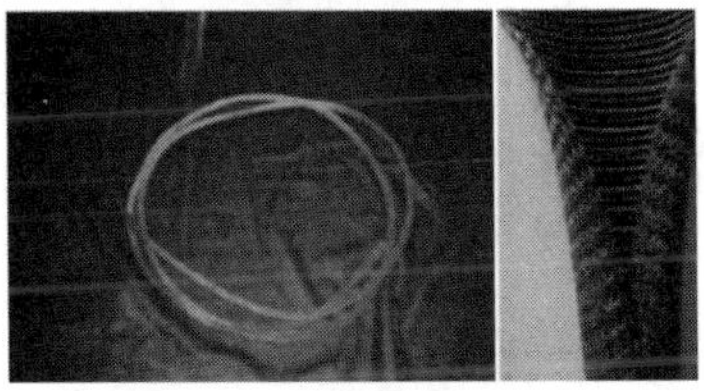
多沟绝缘子	用于结扎自承式蝶形引入光缆的吊线,并将光缆拉挂在墙担或线担上	
墙担	安装在墙壁上,用于固定绝缘子和自承式蝶形引入光缆	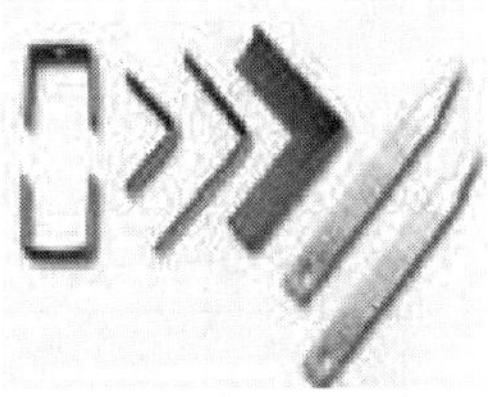
线担	安装在杆路上,用于固定绝缘子和自承式蝶形引入光缆	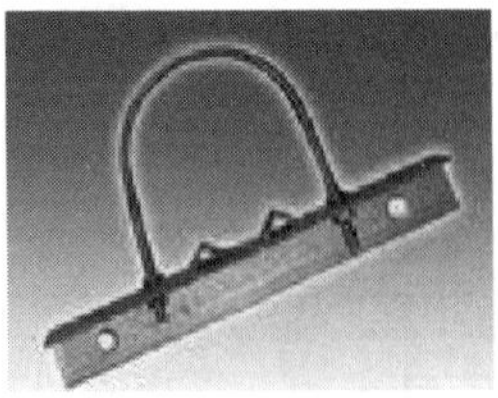
缠绕管	采用缠绕方式对蝶形引入光缆进行包扎保护,主要在光缆穿越墙洞、障碍物处以及与其他线缆交叉处使用	

器材	作用	图例
螺钉扣	室外环境下用于螺丝钉固方式敷设自承式蝶形引入光缆	
塑料管卡	室外环境下用于波纹管方式敷设蝶形引入光缆	
过墙套管	蝶形引入光缆在住宅单元户内穿越墙体时墙空处的美观与保护材料	
硅胶	墙体开孔穿越蝶形引入光缆或外墙安装支撑器件处的防水封堵材料	
封堵泥	用户室外墙体开孔处在蝶形引入光缆穿越后的防水封堵	
自承式蝶形引入光缆	—	
管道蝶形引入光缆	管道蝶形引入光缆是在普通蝶形引入光缆外增加了一层保护层,使光缆外形呈圆形,便于施工	

　　② 皮线光缆安装分为楼道布线和室内布线。楼道光缆敷设可采用管道施工,也可采用明

线钉固。管道施工可以起到保护作用,但施工工序复杂;明线钉固施工容易,成本低,但线缆裸露缺乏保护。不论选择哪种施工工艺,都要注意施工过程中皮线光缆的最小弯曲半径应不小于 30 mm,固定后不小于 15 mm;敷设过程中主要牵引力应加在光缆的加强构件上,对于具有不同加强构件的皮线光缆,牵引力应符合相关规范;多孔 PVC 管每孔敷设的皮线光缆数量不超过 3 根;在光缆施工过程中,应注意光纤的拉伸强度,同时应避免施工过程中光纤被缠绕、损伤、扭转、踩踏。

皮线光缆从楼道进入室内时尽量利用原有的孔洞入户,如果没有合适的孔洞也可以在用户墙面新开,但新开墙孔内、外应安装过墙套管,皮线光缆通过过墙套管穿放入户,注意用缠绕管包扎穿越墙孔处的光缆,光缆入户后,应使用填充胶泥对孔洞的空隙进行填充。

入户光缆从墙孔进入用户室内后,线缆敷设方式可采用明线钉固、线槽敷设和暗管敷设。选用何种敷设方式主要取决于用户室内装潢和暗管埋设。

明线钉固方式即采用卡钉扣沿门框边沿和室内踢脚线固定皮线。敷设前需沿布放线路将卡钉扣提前安装,卡钉扣间距约 50 cm,然后将皮线光缆逐个扣入卡钉扣内;注意墙角转弯处不能将皮线光缆贴着墙面成直角转弯,如图 4.17 所示。

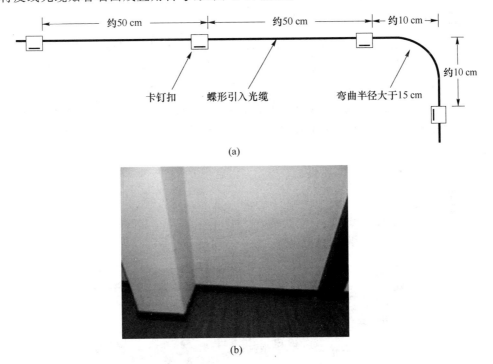

图 4.17　皮线光缆室内明线钉固方式

用户室内装潢要求比较高的情况下,可布放线槽,线槽沿踢脚线水平布放,跨越障碍物时使用线槽软管,如图 4.18 所示。线槽可以采用粘贴方式或螺钉固定方式。线槽安装完成后将皮线光缆放入线槽,再小心关闭线槽盖,不能夹伤光缆。

若用户室内已有暗管可以利用,则使用穿管器从用户端室内暗管向楼道暗管反向穿通,然后将皮线光缆绑扎在穿管器的牵引头上,保证绑扎牢固,接头处可以涂抹润滑剂。在暗管穿放过程中,施工人员需在两端配合,一人在室内牵引,另一人在楼道内送缆,注意牵引的速度和力度的配合。牵引时应用力均匀,送缆保证光缆不扭曲变形,切记不可强行拉扯光缆。皮线光缆

图 4.18　皮线光缆室内线槽铺设方式

经过直线过路盒时可以直接通过,经过转弯过路盒时,需预留适当的长度,保证光缆转弯半径不会过小。穿管完成后,应当确认光缆是否损伤,预留出皮线光缆接续或成端所需长度并剪去过长的光缆。

（3）皮线光缆的接续

目前,皮线光缆在工程中大规模采用两种接续方式:一种是以冷接子为主的光缆冷接技术（物理接续）,一种是以熔接机为工具的热熔技术。

1）冷接技术

冷接技术的关键器件是光纤冷接子,光纤冷接子用于两根光纤对接,可以用在皮线光缆与尾纤之间、尾纤与尾纤之间等多种场景,其内部的主要部件就是一个精密的 V 型槽。与热熔技术相比,冷接技术操作更为简单快速。冷接子的使用方法如下所述。

① 准备材料和工具。端接前,应准备好材料和工具,并检查所用的光纤和冷接子是否有损坏。冷接使用的主要工具有皮线光缆开剥器、光纤切割刀、米勒钳、凯夫拉剪刀等。冷接子的结构如图 4.19 所示。

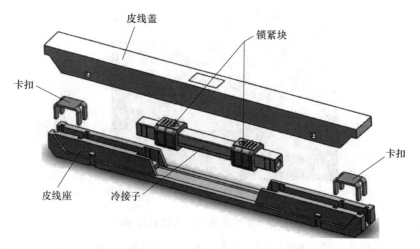

图 4.19　光纤冷接子的结构

② 打开冷接子备用。

③ 切割光纤。使用皮线光缆开剥器剥去 50 mm 的光缆外护套;使用米勒钳剥去光纤涂覆层,用干净的无尘纸蘸酒精擦去裸纤上的污物,将光缆放入导轨中定长;将光纤和导轨条放置在切割刀的导线槽中,依次放下大小压板,左手固定切割刀,右手扶着刀片盖板,并用大拇指迅速向远离身体的方向推动切割刀刀架(使用前应回刀),完成切割。

④ 光纤穿入皮线冷接子。把制备好的光纤穿入皮线冷接子,直到光缆外皮切口紧贴在皮线座阻挡位,光纤对顶应产生弯曲,此时说明光缆接续正常。注意弯曲不要过大,超出皮线光缆的弯曲半径将导致光纤断开并留在冷接主体内。

⑤ 锁紧光缆。操作人员一手捏住光缆弯曲尾缆,防止光缆滑出;一手取出卡扣,压下卡扣锁紧光缆。

⑥ 固定两接续光纤。按照上述方法对另一侧光缆进行相同的处理,然后将冷接子两端的锁紧块先后推至冷接子最中间的限位处,固定两接续光纤。

⑦ 压下皮线盖,完成光缆接续。

从表面上看,冷接操作简单快速,比熔接机热熔节省时间,但是目前的冷接技术还存在以下缺陷。

冷接损耗大。由于冷接技术采用物理接续,两根光纤完全靠 V 型导槽和匹配液来实现接续,接续损耗明显要大于热熔连接点的损耗。在光缆工程中,大损耗点就是潜在的故障点位,即便用户线路对损耗的要求没有干线要求那么高,损耗大仍然会影响用户的使用感观。

使用寿命短,维护成本高。冷接头的正常使用寿命与匹配液寿命直接相关,通常进口匹配液的寿命约为 3 年,国产匹配液的寿命约为 1.5 年。为了保证接续点的持续使用,需要定期更换冷接子,而且一个冷接子的成本一般会在 30~50 元左右(虽然冷接子标称可以重复使用,但拆卸后再用接续精准度会大大降低,实际施工过程中都只用一次),对单个接续点来说维护成本高。

2)热熔技术

皮线光缆的热熔技术与普通室内外光缆的一样,不再赘述。与冷接技术相比,热熔技术有以下两个显著的优点。

熔接损耗小。热熔损耗按照干线标准须低于 0.05 dB,远远小于冷接技术的损耗。

使用寿命长,维护成本低。热熔点的使用寿命与普通光缆的寿命相差很小,比冷接点寿命长很多,因此维护成本也低。

2. 双绞线

双绞线是建筑综合布线系统中最经常使用的一种传输介质,每个绞对由两根带绝缘层的铜导线构成,通过互绞降低线对间的信号干扰。与光缆相比,双绞线的传输距离和传输速率都稍显劣势,但造价低,既可传输模拟信号,又可传输数字信号,对近距离、低速率传输系统来说是性价比很高的选择。

(1) 双绞线电缆的分类

双绞线电缆根据结构可分为以下两类。

屏蔽双绞线(STP),指有屏蔽层的屏蔽线缆,能够防止外来电磁干扰和信号向外辐射,满足电磁兼容性的规定。不过由于屏蔽层都是金属箔,因此线缆体积大、施工困难、价格相对较高。

非屏蔽双绞线(UTP),指无屏蔽层结构的线缆,这类双绞线线径小、重量轻、价格低、施工方便,目前仍是使用较多的线缆。不过非屏蔽双绞线抗电磁干扰能力较弱,传输信号易辐射出去造成泄密。

另外,国际标准化组织(ISO)为具有不同传输特性的双绞线电缆定义了规格型号,常用的有以下几种。

三类线(CAT3),用于语音传输和低速数据传输系统,最高传输带宽为 16 MHz,数据传输最高速率为 10 Mbit/s。

五类线(CAT5),用于语音传输和高速数据信号传输系统,绕线密度较三类线更密,最高传输带宽为 100 MHz,数据传输最高速率为 100 Mbit/s。

超五类(CAT5E),传输性能较五类线更优,数据传输最高速率为 155 Mbit/s。

六类线(CAT6),用于超高速数据传输和视频信号传输系统,最高传输带宽为 200 MHz,数据传输最高速率为 1 000 Mbit/s。

(2) RJ45 接头

RJ45 接头俗称水晶头,指的是由 IEC(60)603-7 标准化,使用国际性的接插件标准定义的 8 个位置(8 针)的模块化插孔或者插头,是一种国际标准化的接插件,是双绞线的端接器件之一,能与 RJ45 模块配套组成一套完整的连接单元,实现电气特性的延续和连接。

常用的网线就是由一定长度的双绞线与两端的 RJ45 接头组成的。

RJ45 水晶头由金属片和塑料构成,特别需要注意的是引脚序号,RJ45 接头正面带金属针脚一面朝上,面对人们的时候从左至右引脚序号是 1~8,序号在做网络联线时非常重要,不能搞错。

EIA/TIA 的布线标准中规定了两种针脚排列顺序,即 568A 与 568B。

标准 568B:橙白——1,橙——2,绿白——3,蓝——4,蓝白——5,绿——6,棕白——7,棕——8。

标准 568A:绿白——1,绿——2,橙白——3,蓝——4,蓝白——5,橙——6,棕白——7,棕——8。

TIA/EIA 568 标准中奇数号针发送信号,偶数号针接收信号,第一对针为 4、5 号,第二对针为 3、6 号,第三对针为 1、2 号,第四对针为 7、8 号。直通线两端必须是同一个标准,而交叉线则在电缆一端使用 TIA/EIA 568A 标准,另一端使用 TIA/EIA 568B 标准。目前使用比较多的是 TIA/EIA 568B 标准接线方法。

按应用场景的不同,网线接头的制作方法稍有区别,如下所述。

① 如果是双机直联,必须使用交叉网线,即一端使用 TIA/EIA 568A 标准,另一端使用 TIA/EIA 568B 标准(实际上就是 1、2、3、6 四根线交叉),电信非对称用户线(ADSL)所提供的网线就是这种网线,其两端的排列方式分别为 1/2/3/4/5/6/7/8 和 3/6/1/4/5/2/7/8。

如果使用简易网线测量仪,其灯跳顺序应为 12→45→78→36→12,下面更详细地加以说明。

一端:白橙/橙/白绿/蓝/白蓝/绿/白棕/棕(1/2/3/4/5/6/7/8)。

一端:白绿/绿/白橙/蓝/白蓝/橙/白棕/棕(3/6/1/4/5/2/7/8)。

② 如果是交换机或路由器与计算机的连接线,即直联网线,两端线序使用同一标准即可。

(3) RJ45 接头的制作方法

制作 RJ45 接头需要准备的工具包括:水晶头、压线钳工具、斜口钳、网线、测线器、剥线钳。下面以 TIA/EIA 568B 标准为例,给出 RJ45 接头的制作方法。

利用剥线钳去掉双绞线外皮约 3~4 cm,双绞线内还有一条尼龙绳可做撕拉绳,用斜口钳一并剪掉。将双绞线各个线对依线序排列整齐:白橙—橙—白绿—蓝—白蓝—绿—白棕—棕,如图 4.20 所示。

将排列好的双绞线用斜口钳剪齐平整,留下约 1.5 cm,如图 4.21 所示。

将双绞线按此线序放入 RJ45 接头的引脚内,特别注意,把线放入 RJ45 接头时要用力将双绞线每一芯确实推到水晶头的底部,否则可能会造成通信异常。

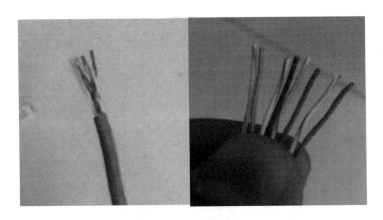

图 4.20　排列线对

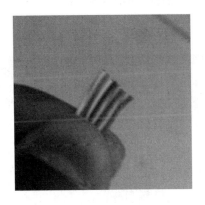

图 4.21　剪齐线对

　　确保双绞线的每根线位置正确后,把 RJ45 接头放入压线钳内夹接,如图 4.22 所示,一定要听到"咔"之后再释放,这样才能使每芯都稳定地固定在前端。

图 4.22　压接 RJ45 接头

　　检查每芯是否稳定地固定在前端,检查外线皮是否被夹紧。RJ45 接头的保护套可以防止拉扯接头时造成接触不良。制作完成后,RJ45 接头如图 4.23 所示。

　　完成两端的 RJ45 接头的制作后,一定要将两端的接头接入通断测试仪中,检测两端的接头是否能正常通信,如图 4.24 所示。

图 4.23 RJ45 接头制作完成

图 4.24 通断测试

4.3 用户终端安装基础

<主要考点>

- 用户终端设备的安装方法（五级）
- 终端设备指示灯表示的含义（五级）
- 上网的基本条件（四级）
- 光 Modem 的组成和基本功能（三级）

<主要内容>

目前的家庭宽带网络可以采用单机联网方式或者宽带加路由器共享方式。单机联网方式需要一台主机、一部光调制解调器（Modem），路由器共享方式则还需要有线或无线的路由器设备。主机需配置以太网网卡，安装相应的网卡驱动程序。光 Modem 通常都是在宽带开通

过程中由安装人员完成设备调试和业务开通。

4.3.1 用户终端设备

用户终端设备主要是指光 Modem 设备。在光纤到户(FTTH)网络结构中,光 Modem 即通过光分配网(ODN)与光线路终端(OLT)实现连接的 ONU 设备。如果需要实现 IPTV 功能,还需 IPTV 机顶盒设备。

光 Modem 俗称"光猫",即光调制解调器,用于完成一对光信号的调制解调,实现点到点的光信号传输,并将光信号转换为电信号完成接口协议转换后送入用户主机或路由器。

光 Modem 由发送、接收、控制、接口及电源等部分组成。用户主机发送的二进制串行电信号通过接收接口进入光 Modem,经调制解调电路实现信号转化后向光线路发送。反方向接收到的光信号经过滤波、解调、信号转换后变为电信号,送入用户数字设备。光 Modem 的外观如图 4.25 所示。

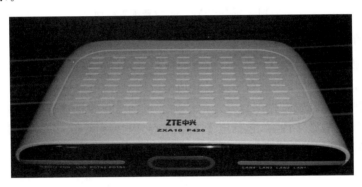

图 4.25 光 Modem 的外观

4.3.2 用户终端设备的安装与配置

1. 光 Modem 设备的安装与配置

入户的皮线光缆到位后,通过冷接或热熔成端,接入光 Modem 的 PON 端口,PON 口负责与上层设备建立连接。然后使用网线将用户数据设备接入 FE 口,实现以太网信号连接。打开设备电源,正常情况下电源灯常绿,PON 灯常绿,LOS 灯熄灭,接入用户设备的 LAN 端口灯常亮。

设备加电后还需要对设备进行初始化配置。使用网线将光 Modem 任意一个 FE 端口和配置计算机的网口连接,然后将配置计算机的网卡 IP 设为 192.168.1.×××网段(×××的取值为 2~254)。

计算机端打开 IE 浏览器,在地址栏输入 http://192.168.1.1(光 Modem 设备默认的维护地址),回车,将显示登录页面,输入用户名和密码,则可以进入光 Modem 的 Web 配置页面,如图 4.26 所示。

选择"高级配置",在左侧选择"ONU 设置",右侧"LOID"栏内填写电子工单上的"ONU 逻辑编号",然后单击"应用"确认修改,最后单击右上角的"保存配置"保存 LOID 配置。

修改 LOID 配置后,需要重启 ONU,使当前的配置生效。LOID 设置完毕后,将该 LOID 做成标签粘贴在设备机壳外,方便安装开通。

图 4.26　光 Modem 设备配置界面

2. 机顶盒的安装

数字视频变换盒(STB,Set Top Box),通常称作机顶盒或机上盒,是一个连接电视机与外部信号源的设备,它可以将压缩的数字信号转成电视内容,并在电视机上显示出来。信号可以来自有线电缆、卫星天线、宽带网络以及地面广播。机顶盒接收的内容除了模拟电视可以提供的图像、声音之外,还有数字内容,包括电子节目指南、因特网网页、字幕等,使用户能在现有的电视机上观看数字电视节目,并可使用户通过网络进行交互式数字化娱乐、教育和商业化活动。

4.3.3　终端设备指示灯的含义

光 Modem 各指示灯的含义如表 4.3 和表 4.4 所示。

表 4.3　光 Modem 各指示灯的含义

指示灯	状态	说明
WPS	常亮	WPS 功能启用
	闪烁	有 WiFi 终端正在接入
	熄灭	WPS 功能未启用
WLAN	常亮	WLAN 功能启用
	闪烁	有数据传输
	熄灭	WLAN 功能未启用
USB	常亮	USB 口已连接,但无数据传输
	快闪(2 次/秒)	有数据传输
	熄灭	系统未上电或者 USB 口未连接
TEL1~TEL2	常亮	TEL 接口已经与语音服务器建立连接
	快闪(2 次/秒)	TEL 接口已经与语音服务器建立连接且处于摘机或者振铃状态
	慢闪(1 次/2 秒)	TEL 接口正在向语音服务器注册
	熄灭	TEL 接口未与语音服务器建立连接

指示灯	状态	说明
	常亮	以太网连接正常
LAN1~LAN4	闪烁	以太网接口有数据传输
	熄灭	以太网连接未建立
LOS/PON		如表 4.4 所示
POWER	绿灯常亮	电源接通
	熄灭	电源断开

表 4.4　光 Modem 的 LOS/PON 指示灯状态的含义

状态编号	指示灯状态		说明
	PON	LOS	
1	快闪(2 次/秒)	熄灭	PON 终端正在与上层设备建立连接
2	常亮	熄灭	PON 终端与上层设备已经建立连接
3	熄灭	慢闪(1 次/2 秒)	PON 终端没接光纤或无光信号
4	快闪(2 次/秒)	慢闪(1 次/2 秒)	接收光功率不在光接收正常范围内 CLASS B+范围：−27 dBm～−8 dBm CLASS C+范围：−30 dBm～−8 dBm
5	熄灭	常亮	PON 终端被上层设备禁用或 PON 终端发光异常,请联系服务提供商
6	熄灭	熄灭	
7	快闪(2 次/秒)	快闪(2 次/秒)	
8	慢闪(1 次/2 秒)	慢闪(1 次/2 秒)	PON 硬件故障

4.4　用户网络基础知识

＜主要考点＞

- 宽带驱动程序的安装方法(三级)
- 计算机操作系统的基本知识(三级)
- 计算机网卡及相关部件的功能(三级)
- 以太网网卡的安装方法和要求(四级)
- 路由器参数及功能(三级)
- 网络常见故障的处理方法(三级)
- 宽带线路测试指标和测试方法(三级)

＜主要内容＞

　　用户家庭网络中计算机是个重要的角色,不论是工作、学习还是娱乐都离不开计算机的使用,因此有必要对计算机的基础知识进行介绍。

4.4.1　计算机系统相关知识

1. 计算机操作系统

计算机操作系统是管理计算机硬件和软件资源的计算机程序。计算机常用的操作系统包括 Windows 10、Unix、Linux、DOS 系统,计算机操作系统是系统软件的核心,用以在计算机内部进行统一管理、统一调度,使计算机系统的所有资源(包括硬件和软件)协调一致、有条不紊地工作。计算机操作系统也是系统软件的基本,其他的软件都是建立在操作系统的基础之上的。

操作系统是用户与计算机硬件之间的接口,没有操作系统作为中介,用户对计算机的操作和使用将变得非常困难且低效。操作系统能够合理地组织计算机的整个工作流程,能最大限度地提高资源利用率。操作系统在为用户提供一个方便、友善、使用灵活的服务界面的同时,也提供了其他软件开发、运行的平台。

操作系统具备五个方面的功能,即 CPU 管理、作业管理、存储器管理、设备管理和文件管理。操作系统是每台计算机必不可少的软件,具有一定规模的现代计算机甚至具备几个不同的操作系统。操作系统的性能在很大程度上决定了计算机系统工作的优劣。

操作系统的分类没有单一的标准,根据工作方式可以分为批处理操作系统、分时操作系统、实时操作系统、网络操作系统和分布式操作系统等;根据架构可以分为单内核操作系统等;根据运行的环境可以分为桌面操作系统、嵌入式操作系统等;根据指令的长度可以分为 8 bit、16 bit、32 bit、64 bit 的操作系统。

2. 计算机网卡及安装

（1）计算机网卡的功能

网卡是主机的网络适配器（Network Adapter）的简称,是连接计算机与外界局域网的物理媒介。主机箱内网卡是一块网络接口板、网络接口卡（NIC,Network Interface Card）或者是在笔记本计算机中插入一块 PCMCIA 卡,用于允许主机与计算机网络进行通信,让用户可以通过有线或者无线信号连入网络中。

网卡属于 OSI 模型的第一层。每一张网卡在出厂时都有一个 48 位串行号,称为 MAC 地址,被写在网卡只读存储器中,这个地址是独一无二的,由电气电子工程师协会（IEEE）负责为网络接口控制器销售商分配。没有任何两块被生产出来的网卡拥有同样的地址,因此网卡的 MAC 地址被当作甄别网络上不同网卡的"身份证号码"。

网卡上装有处理器和存储器（包括随机存储器和只读存储器）。网卡和局域网之间的通信是通过电缆或双绞线以串行传输方式进行的,网卡和计算机之间的通信则是通过计算机主板上的 I/O 总线以并行传输方式进行,因此,网卡的一个重要功能就是进行串行/并行转换。由于网络上的数据率和计算机总线上的数据率并不相同,因此在网卡中必须装有对数据进行缓存的存储芯片。

网卡硬件插入主机后,要管理这个硬件还需要在计算机的操作系统中安装管理网卡的设备驱动程序。网卡驱动程序可以控制网卡从存储器的什么位置将局域网传送过来的数据块存储下来。另外,网卡还要有实现以太网协议的功能。

网卡并不是独立的自治单元,而是一个半自治系统,网卡需要受计算机的控制。另外,网卡本身是不带电源的,必须使用所插入的计算机的电源。当网卡收到一个有差错的帧时,它就将这个帧丢弃而不必通知它所插入的计算机。当网卡收到一个正确的帧时,它就使用中断来通知该计算机并交付给协议栈中的网络层。当计算机要发送一个 IP 数据包时,它就由协议栈向下交给网卡组装成帧后发送到局域网。网卡的外观结构如图 4.27 所示。

图 4.27　网卡的外观结构

（2）网卡的分类

根据网卡所支持带宽的不同可分为 10M 网卡、100M 网卡、10/100M 自适应网卡、1000M 网卡;根据网卡总线接口的不同,主要分为 ISA 网卡、EISA 网卡和 PCI 网卡三大类,其中 PCI 网卡较常使用;根据传输介质的不同,网卡出现了 AUI 接口（粗缆接口）、BNC 接口（细缆接口）和 RJ45 接口（双绞线接口）三种接口类型;根据安装方法可分为集成网卡和独立网卡两种。

（3）计算机网卡的安装

目前家用计算机中使用的网卡多数是即插即用型网卡。安装网卡包括两个方面:硬件安装和软件安装。硬件安装指将网卡顺利地安装在计算机的主板上,软件安装是指将网卡安装到主板上之后,通过计算机安装网卡的驱动程序。

1）硬件安装

目前,网卡硬件安装已经非常简单。首先将网卡从包装盒中取出,准备安装。安装前关闭计算机的电源,打开主机机箱;为了防止手上的人体静电损伤计算机主板,需先释放手上静电,可以把手洗一下或用手摸一下暖气片等与接地端子有连接的装置;主板中的空余插槽未使用前都有防尘片遮挡,安装前需卸下插槽对应的防尘片,然后将网卡插入主板空闲的 PCI 插槽中,插入时用力要适当,平稳将网卡向下压入;将网卡的金属挡板用螺丝固定在条形窗口顶部的螺丝孔上,固定网卡（这样操作能有效防止短路和接触不良）,连通网卡和计算机主板之间的公共地线;最后合上主机箱盖,在网卡的外接头处插入网线。

2）软件安装

对于集成网卡,主板的驱动程序中一般都带有网卡驱动程序,在主板驱动程序安装完成后,网卡驱动程序也安装好了。但若没有安装好网卡驱动程序,则需要手动从"设备管理器"或"控制面板"中的"添加删除硬件"进行安装。

无论是有线网卡还是无线网卡,其基本安装方法主要有以下三种。

① 通过驱动程序包中的 SETUP 安装文件安装。

② 通过驱动信息文件 INF 手动安装。

③ 通过第三方软件,如驱动精灵、自由天空驱动包等安装。

3)网卡驱动程序的安装步骤

① 网卡硬件安装完毕后,启动计算机,会看到计算机自动检测到新硬件,将出现图 4.28 所示的"硬件更新向导"对话框,选择"从列表或指定位置安装"选项。

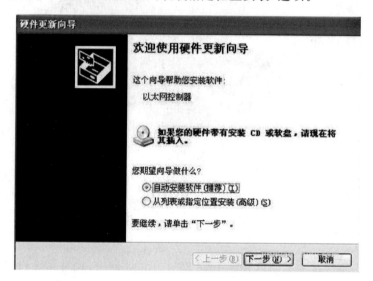

图 4.28　硬件更新向导

② 单击"下一步"按钮,在弹出的图 4.29 所示的对话框中,指定驱动所在的位置,输入对应的目录。如果有驱动光盘,则选中"搜索可移动媒体"选项。

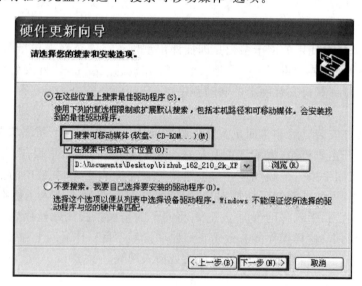

图 4.29　硬件更新向导选项

③ 单击"下一步"按钮,驱动程序安装向导自动进行安装,如图 4.30 所示。

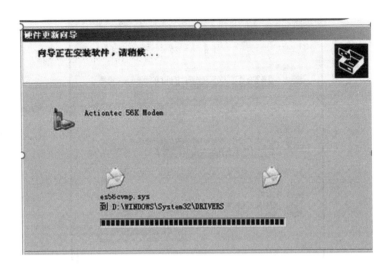

图 4.30　自动安装

④ 驱动程序安装向导完成安装,如图 4.31 所示。

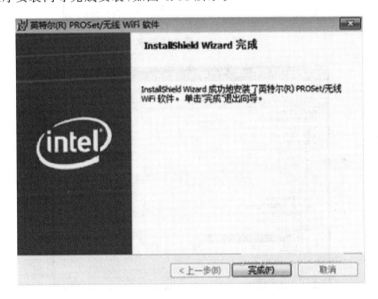

图 4.31　网卡驱动安装完成

⑤ 接下来查看网卡安装的结果,用鼠标右击桌面上"我的电脑",在弹出的列表中选择"属性"选项,在弹出的"系统属性"对话框中单击"硬件"选项卡,弹出图 4.32 所示的界面。

⑥ 单击"设备管理器"按钮,弹出"设备管理器"对话框,双击"网络适配器"选项,在弹出的"设备管理器"对话框中可以看到"网络适配器"选项下面已经增加了一项软件列表,表明安装成功,如图 4.33 所示。

3. 宽带驱动程序的安装

驱动程序是一种特殊的计算机软件,用于与计算机硬件进行交互。驱动程序往往配合设备交互接口工作,利用交互接口与相应的硬件连接,并对硬件设备下达指令或接收信息。安装适合的驱动程序后,相对应的硬件设备就可以正常运行。

图 4.32　硬件选项卡

图 4.33　硬件设备管理界面

4.4.2　路由器

路由器是互联网的主要节点设备,路由器通过路由决定数据的转发。转发策略称为路由选择(routing),这也是路由器名称"router"的由来。路由器具有判断网络地址和选择路由路径的能力,能够在不同网络的主机之间传递数据。路由器工作在 TCP/IP 模型的第三层(网络层),其主要作用是为收到的报文寻找正确的路径,并把它们转发出去。

一个路由器有两个或两个以上的不同网络接口,支持网络层协议及子网协议,支持一组路由协议。常见的家用路由器有 4 口、8 口、16 口或者更多。路由器的外观如图 4.34 所示。

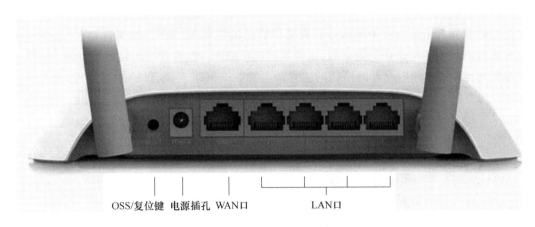

OSS/复位键　电源插孔　WAN口　　　　　　LAN口

图 4.34　路由器的外观

1. 路由器的功能

路由器的基本功能包括:用户数据包的存储、转发、寻径功能;路由功能,包括数据包的路径决策、负载平衡、多媒体传输(多播)等;智能化网络服务,包括 QoS、访问列表(防火墙)、验证、授权、计费、链路备份、调试、管理等。

2. 路由器的网络参数

通过计算机与路由器连接后,可以通过 IE 浏览器登录路由器进行参数配置,路由器的设置主要包括网络参数、动态主机配置协议(DHCP)服务及路由器安全规则等内容。

(1) LAN 口参数

MAC 地址是本路由器对局域网的 MAC 地址,是路由器独一无二的物理地址,此值不可更改。需要注意的是,如果改变了 LAN 口的 IP 地址,必须用新的 IP 地址才能登录本路由器进行 Web 界面管理。

IP 地址是本路由器对局域网的 IP 地址,局域网中所有计算机的默认网关必须设置为该IP 地址。子网掩码是本路由器对局域网的子网掩码,一般为 255.255.255.0,局域网中所有计算机的子网掩码必须与此处设置相同。LAN 口参数设置如图 4.35 所示。

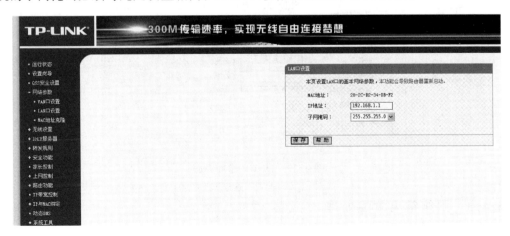

图 4.35　LAN 口参数设置

（2）WAN 口参数

在上网账号和上网口令中填入运营商提供的上网账号和口令。如果选择了"按需连接"，则在有来自局域网的网络访问请求时，自动进行连接操作。如果自动断线等待时间 t 不等于 0，则在检测到连续 t 分钟内没有网络访问流量时自动断开网络连接，保护上网资源，此项设置仅对"按需连接"和"手动连接"生效，如图 4.36 所示。

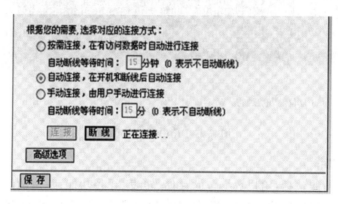

图 4.36 WAN 口配置界面

（3）DHCP 参数

选择"DHCP 服务器"就可以对路由器的 DHCP 服务器功能进行设置。地址池设置限定了 DHCP 服务器能分配的地址范围，地址池开始地址是指 DHCP 服务器所自动分配的 IP 的起始地址，如图 4.37 中的开始地址为 192.168.1.100；地址池结束地址是指 DHCP 服务器所自动分配的 IP 的结束地址，图 4.37 中为 192.168.1.199，此例中总共有 100 个 IP 地址可以使用。网关是可选的，建议填入路由器 LAN 口的 IP 地址，缺省是 192.168.1.1。主 DNS 服务器也是可选的，填入运营商提供的 DNS 服务器。

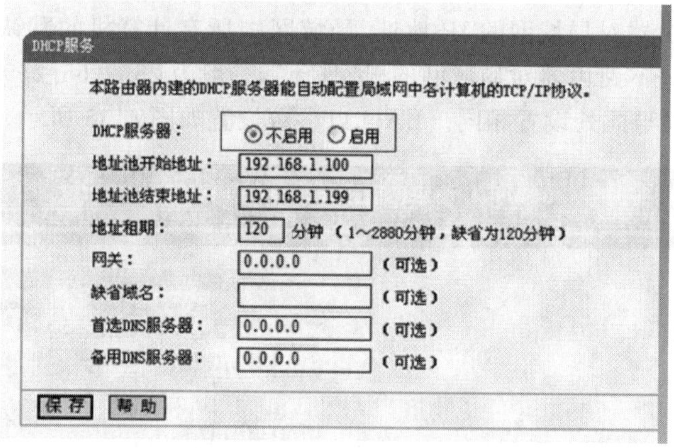

图 4.37 DHCP 配置界面

4.4.3 网络常见故障处理

1. 网络常见故障处理步骤

第一步：查看光 Modem"POWER"电源灯的状态。

① 不亮,表示供电异常,需要检查电源连接和电源适配器是否正常工作。

② 长亮,表示供电正常,转第二步。

第二步:查看光 Modem"LOS"灯的状态。

① 熄灭,表示信号正常,转第三步。

② 闪亮,表示光 Modem 接收不到信号或低于灵敏度,转第五步。

第三步:查看光 Modem"PON"或"LINK"灯的状态。

① 常亮,表示光 Modem 接收到 OLT 的信号,转第四步。

② 闪亮,表示光 Modem 接收光功率低于或者高于光接收灵敏度,光 Modem 注册不上,转第五步。

③ 熄灭,表示光 Modem 接收不到 OLT 的信号,转第五步。

第四步:查看光 Modem"LAN"灯的状态。

① 闪亮,表示光 Modem 与计算机或用户路由器连接正常,转第六步。

② 熄灭,表示光 Modem 与计算机或用户路由器、交换机连接异常,检查步骤:

a. 用户网卡是否禁用。

b. 用网线测试仪检查网线是否正常。

c. 更换光 Modem LAN 口或路由器、交换机其他端口测试是否正常。

d. 最终判断是光 Modem、路由器、交换机、用户计算机中哪部分的问题。

第五步:检查光衰。

① 查看光 Modem 接收光功率情况。

a. 可以登录光 Modem 界面查看,如图 4.38 所示。

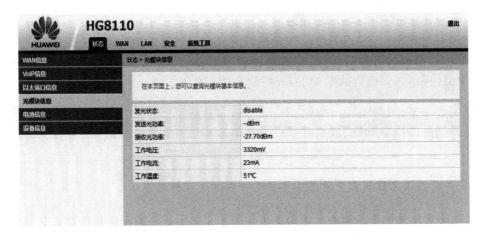

图 4.38　登录光 Modem 界面

b. 通过 PON 光功率计查看,拨出光 Modem"PON"尾纤接入光功率计(选择波长 1 490 nm),测试光功率是否在标准值−8～−28 dB 内(−28 dB 已经处于边缘值,建议在−25 dB 以内)。

② 收光功率过小,光衰过大,查看用户家到分光箱的皮线光缆是否有弯曲程度小于 90°或损坏的情况。

③ 用户楼道光接箱测试分光器端口收光功率是否正常,正常则用红光笔测试皮线是否通,通则重做两端皮线光缆头,不通则重新拉皮线光缆;收光功率不正常则测试另一个分光器端口,确认分光器端口是否故障,测试另一个分光器端口正常则更换分光器端口,不正常则测

试分光器总上行口。

④ 二级分光器上行光衰过大时需从二级光交箱、一级光交箱、OLT 的 PON 口输出逐级排查,确定光衰异常的故障点,排查工作需要两个维护人员配合完成。

第六步:拨测用户账号。

断开用户路由器,直接连接笔记本计算机进行拨号。常见的拨号错误代码如下所述。

a. 691,可能的原因包括以下几方面。

- 账号停机:查看手机是否同时欠费,告知用户宽带到期要去营业厅办理续费。
- 密码错误:请用户重置宽带密码。
- 账号绑定校验错误:绑定校验错误应打电话给后台人员处理。
- 账号已在另一地方上线:表示用户账号被人私自使用,后台人员在 BAS 中清除账号下线后才能重新拨上线。

b. 678,表示宽带连接中断,需要核查光 Modem 信号是否正常,正常则打电话给后台人员检查光 Modem 数据是否正常。

c. 769,表示用户网卡被禁用,需要重新启用网卡。

2. 网速慢处理

第一步:了解用户网速慢的具体情况。常见的用户网速慢的分类包括以下几种。

① 整体应用都慢。

② 具体某个网页、网银、微信或视频网站打开很慢或者无法访问,其他应用没有问题。

③ 使用 WiFi 上网慢。

④ 某个游戏应用慢。

第二步:根据反映的情况分类处理。

① 整体应用都慢。

a. 使用测速网站测速并检测是否丢包、延时是否小于 50 ms。如果测速情况不好则检查线路。FTTH 网络还需要测试光 Modem 的收光功率是否正常。网速测试如图 4.39 所示。

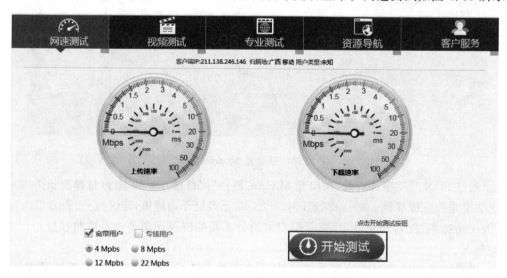

图 4.39　网速测试

b. 重启用户路由器和交换机等设备再进行第一步测试。

　　c. 如果整个小区有集中反映网速慢的问题,则需要联系运营商查看 OLT 上行带宽是否有拥塞、ONU 的上行模板限速情况。

　　② 具体某个网页、网银、微信或视频网站打开很慢或者无法访问,其他应用没有问题。处理方法:打开网页查看是否真的慢,使用 HTTPWATCH 软件进行抓包,查看哪个网页元素存在问题。

　　③ 使用 WiFi 上网慢。处理方法:检测用户的无线信道是否有干扰和 WiFi 信号的强弱。在手机上下载"WiFi 分析仪"App,检测 WiFi 信号和信道的强弱,指导用户正确地进行 WiFi 信道设置,WiFi 信号不低于 -70 dBm 时,上网质量会较好,WiFi 的信道以选择干扰较小的为宜。

　　④ 某个游戏应用慢。处理方法:如果是网页游戏,则可以通过 HTTPWATCH 或 IP 雷达进行抓包,将无法现场处理的问题以及抓包结果反馈给运营商处理。

课 后 练 习

1. 楼内入户光缆的敷设方式有哪几种?
2. 不同网络层次的跨接和调度有哪些常用的布线设备?
3. 皮线光缆通常采用的接续方式有哪几种? 各自的优缺点是什么?
4. 五类和六类双绞线的最高传输速率是多少? 最高传输带宽是多少?
5. 网线接上了路由器后对应指示灯不亮怎么办?
6. 通过无线上网时网速非常慢,达不到申请带宽怎么办?

参 考 文 献

[1]　通信管道工程施工及验收规范:GB 50374—2006[S].北京:中国计划出版社,2007.

[2]　通信线路工程验收规范:YD 5121—2010[S].北京:北京邮电大学出版社,2010.

[3]　住宅区和住宅建筑内光纤到户通信设施工程施工及验收规范:GB 50847—2012[S].北京:中国计划出版社,2012.

[4]　乔桂红,辛富国.光纤通信技术[M].北京:人民邮电出版社,2014.

[5]　李立高.通信光缆工程[M].北京:人民邮电出版社,2016.

[6]　陈海涛.光传输线路与设备维护[M].北京:人民邮电出版社,2013.

附录 1　信息通信网络线务员五级／初级工职业能力要求

职业功能	工作内容	技能要求	相关知识
1. 光缆施工与维护	1.1 光缆测试	1.1.1 能连接光时域反射仪（OTDR）电源，测试尾纤、光缆 1.1.2 能测试光缆金属护套、金属加强芯的对地绝缘特性 1.1.3 能根据光缆型号识别光缆的模式、程式、结构类型 1.1.4 能通过光缆出厂检验单查看光缆端别、长度和光纤折射率、光纤色谱、光纤性能指标 1.1.5 能识别尾纤连接器	1.1.1 光时域反射仪的使用方法 1.1.2 光缆的结构、类型
	1.2 光缆接续	1.2.1 能开剥光缆、束管和去除光纤涂敷层 1.2.2 能安装光缆接头盒，并在接续完毕后进行封装 1.2.3 能对直埋、架空、管道光缆余长进行盘留、绑扎 1.2.4 能按顺序排列光缆束管，并根据束管顺序判断光缆的端别	1.2.1 光缆开剥的方法、步骤 1.2.2 光缆接头盒安装和封装方法 1.2.3 光缆尾纤连接器的型号分类
2. 电缆施工与维护	2.1 电缆测试	2.1.1 能用万用表判断电缆断线和混线障碍 2.1.2 能用兆欧表测试电缆绝缘特性	2.1.1 电缆的电气特性（断线、混线、绝缘） 2.1.2 万用表和兆欧表的使用方法
	2.2 电缆接续	2.2.1 能识别电缆型号、结构 2.2.2 能识别电缆色谱 2.2.3 能按标准开剥电缆，并用纽扣接线子接续 30 对以下电缆 2.2.4 能制作、安装 20 对以下分线盒	2.2.1 电缆的基本型号与结构 2.2.2 电缆的基本色谱与端别 2.2.3 电缆的标准开剥规范 2.2.4 纽扣接线子的使用方法 2.2.5 小对数分线盒的制作与安装规范

职业功能	工作内容	技能要求	相关知识
3. 杆线施工与维护	3.1 杆路架设	3.1.1 能挖电杆洞和地锚洞 3.1.2 能使用脚扣上杆★ 3.1.3 能进行杆上打眼★	3.1.1 杆路的基础知识 3.1.2 杆路作业规程 3.1.3 拉线长度的计算
	3.2 拉线制作	3.2.1 能用三眼双槽夹板制作拉线上把★ 3.2.2 能用三眼双槽夹板制作拉线中把	3.2.1 夹板制作拉线上把的方法 3.2.2 夹板制作拉线中把的方法
	3.3 吊线安装	3.3.1 能安装铁件 3.3.2 能将吊线挑上电杆并进行固定	3.3.1 护杆板等铁件的安装方法 3.3.2 吊线上杆和固定步骤
4. 管道敷设与维护	4.1 管道开挖与回填	4.1.1 能对沟、坑、槽进行放坡 4.1.2 能对沟底土质进行更换 4.1.3 能将管道两腮、顶部夯实	4.1.1 管道专用工具的使用方法 4.1.2 沟、坑、槽放坡知识 4.1.3 土质识别方法
	4.2 管道勘察、测量	4.2.1 能钉管道沟、坑、槽水平木桩 4.2.2 能扶持、放置水准仪塔尺	4.2.1 模板的规格,木桩支顶模板的方法 4.2.2 管道测量的基本要求
	4.3 管道、人(手)孔敷设	4.3.1 能支撑管道沟、坑、槽、人(手)孔挡土板 4.3.2 能制作管道基础 4.3.3 能接续 PVC 管、水泥管	4.3.1 管道基础混凝土(水泥、沙、石)配比要求 4.3.2 管道基础制作标准 4.3.3 管头钢筋制作方法 4.3.4 PVC 管、水泥管接续标准
5. 天馈线施工与维护	5.1 天线安装	5.1.1 能按规范要求搬运需进场安装的天线设备 5.1.2 能检查进场材料的完好情况,备齐配件 5.1.3 能安装 GPS 天线 5.1.4 能制作天线接地线	5.1.1 天线设备搬运要求 5.1.2 天线设备完好性等检查要点 5.1.3 GPS 天线安装规范 5.1.4 地线制作规范
	5.2 馈线安装	5.2.1 能搬运需进场安装的设备,确保不损伤设备 5.2.2 能识别馈线规格、型号 5.2.3 能整齐、平直、弯曲度一致安装同轴电缆馈线 5.2.4 能整齐、平直、弯曲度一致安装波导馈线 5.2.5 能绑扎水平、垂直馈线线缆 5.2.6 能安装馈线标识牌	5.2.1 馈线设备搬运要求、设备检查要点 5.2.2 馈线绑扎的基本要求 5.2.3 馈线分类标准

职业功能	工作内容	技能要求	相关知识
6. 楼宇布线与维护	6.1 用户终端安装	6.1.1 能布放室内通信线缆 6.1.2 能沿墙壁布放室外电缆、网线、皮线光缆 6.1.3 能进行不同规格的电缆引入线之间的接续 6.1.4 能安装各种用户终端设备 6.1.5 能在电线杆上架设杆档皮线光缆	6.1.1 用户引入线和室内电话线的规格、类型、电气特性,以及架设、布线标准 6.1.2 网线规格、类型和电气特性,以及架设、布线标准 6.1.3 用户终端设备的安装方法 6.1.4 皮线光缆的规格、类型、特性及布放标准
	6.2 用户终端测试	6.2.1 能用查线电话机判断线路故障 6.2.2 能根据终端设备指示灯判断工作状态 6.2.3 能用光功率计测试 FTTH 用户端口光功率	6.2.1 查线电话机的使用方法 6.2.2 终端设备指示灯表示的含义 6.2.3 光功率计的使用方法

附录2　信息通信网络线务员四级／中级工职业能力要求

职业功能	工作内容	技能要求	相关知识
1. 光缆施工与维护	1.1 光缆测试	1.1.1 能用光功率计测试光缆的光功率、光传输方向、光纤损耗 1.1.2 能用光时域反射仪（OTDR）测试光缆长度、损耗（总损耗、平均损耗），光纤接头损耗 1.1.3 能用可见光源查找、核对光纤顺序 1.1.4 能用光缆路由探测仪查找光缆路由	1.1.1 光时域反射仪的基本原理 1.1.2 光纤的损耗特性 1.1.3 光缆路由探测仪的使用方法 1.1.4 光功率计的使用方法
	1.2 光缆接续	1.2.1 能进行光纤熔接前的放电实验 1.2.2 能调整切割刀的切割点 1.2.3 能接续48芯及以下的光缆 1.2.4 能接续48芯及以下的终端盒光缆成端 1.2.5 能安装监测尾缆 1.2.6 能敷设架空、直埋、管道、墙壁光缆★	1.2.1 光缆的敷设方法（架空、直埋、管道） 1.2.2 制作终端盒光缆成端的方法 1.2.3 光纤熔接机的使用方法
2. 电缆施工与维护	2.1 电缆测试	2.1.1 能用万用表测试电缆屏蔽层连通电阻值 2.1.2 能用地阻仪测试电缆设备的接地电阻 2.1.3 能用电桥测试电缆环阻	2.1.1 电缆直流特性的测试方法 2.1.2 地阻仪的使用方法和注意事项 2.1.3 电桥的使用方法和注意事项
	2.2 电缆接续	2.2.1 能用25回线模块式接线子进行50对电缆芯线的接续 2.2.2 能连接电缆屏蔽线 2.2.3 能用热可缩套管封焊电缆接头 2.2.4 能制作电缆气闭及安装电缆气门	2.2.1 模块式接线子的规格、型号及使用方法 2.2.2 电缆屏蔽线的接续要求 2.2.3 热可缩管的型号及其使用方法 2.2.4 电缆气闭的制作和气门的安装方法

职业功能	工作内容	技能要求	相关知识
3. 杆线施工与维护	3.1 杆路架设	3.1.1 能根据图纸确定电杆位置 3.1.2 能制作角杆吊线辅助装置	3.1.1 施工图纸的识别方法以及图例的含义 3.1.2 杆路测量的一般方法和要求 3.1.3 吊线辅助装置的制作要求
	3.2 拉线制作	3.2.1 能测量拉线位置 3.2.2 能用另缠法制作拉线地锚 3.2.3 能安装水泥预制拉盘铁柄地锚 3.2.4 能制作地锚横木	3.2.1 拉线位置的测量方法 3.2.2 另缠法制作拉线中把的方法 3.2.3 各种地锚的制作方法
	3.3 吊线安装	3.3.1 能用夹板制作吊线终结★ 3.3.2 能坐滑车挂挂钩★	3.3.1 夹板制作吊线终结的方法 3.3.2 吊线挂钩的方法
4. 管道敷设与维护	4.1 管道开挖与回填	4.1.1 能制作沟、坑、槽基础 4.1.2 能恢复沟、坑、槽路面	4.1.1 沙灰配比方法 4.1.2 人(手)孔铁件安装要求
	4.2 管道、人(手)孔敷设	4.2.1 能编排、绑扎各种型号的人(手)孔上覆钢筋 4.2.2 能安装人(手)孔内铁件 4.2.3 能用水平仪对管道沟底抄平 4.2.4 能用木桩支顶各种模板	4.2.1 各种人(手)孔的型号和尺寸标准 4.2.2 人(手)孔常用钢筋和铁件的规格和型号 4.2.3 水平仪的使用方法 4.2.4 坡度的计算方法
5. 天馈线施工与维护	5.1 天线安装	5.1.1 能按照施工方案定位天线方位角、下倾角 5.1.2 能将天线安装在避雷针 45°角的保护区域内 5.1.3 能安装基站天线 5.1.4 能安装避雷器 5.1.5 能测试防雷接地体的对地电阻值	5.1.1 基站天线安装规范 5.1.2 避雷器原理及安装方法 5.1.3 避雷针保护原理及保护区域 5.1.4 天线定位要求
	5.2 馈线安装	5.2.1 能制作馈线接头 5.2.2 能按规范制作馈线接地夹 5.2.3 能制作馈线入室避水弯、封闭馈窗	5.2.1 馈线进机房安装规范 5.2.2 馈线接头的制作方法
6. 楼宇布线与维护	6.1 用户终端安装	6.1.1 能安装墙壁插墙板、角钢、L 型角钢支撑物 6.1.2 能实施交接箱、卡接模块、分线盒模块跳线 6.1.3 能调测各种宽带硬件设备 6.1.4 能制作、测试 RJ45 接头 6.1.5 能为用户安装以太网网卡及网卡驱动 6.1.6 能制作皮线光缆冷接头 6.1.7 能熔接制作皮线光缆成端	6.1.1 墙壁安装支撑物的标准和要求 6.1.2 交接箱、卡接模块、分线盒模块的型号、规格和用途 6.1.3 RJ45 接头制作和测试方法 6.1.4 以太网网卡的安装方法和要求 6.1.5 冷接头的制作步骤及要求 6.1.6 熔接机的使用与保养方法 6.1.7 皮线光缆安装操作方法、规范

职业功能	工作内容	技能要求	相关知识
6. 楼宇布线与维护	6.2 用户终端测试	6.2.1 能用 Ping 命令测试网络的丢包率、时延等指标 6.2.2 能用网线测试仪测试以太网网线的信号线序及通断 6.2.3 能用计算机操作系统自带的拨号软件创建宽带拨号连接,连接上网 6.2.4 能查看、设置计算机操作系统中网卡的 IP 地址、网关、DNS 等参数,并调通网络 6.2.5 能用一种第三方宽带拨号软件建立宽带拨号连接,连接上网	6.2.1 宽带参数的含义 6.2.2 宽带参数的测试方法 6.2.3 上网的基本条件 6.2.4 网线测试仪的使用方法

附录3 信息通信网络线务员三级／高级工职业能力要求

职业功能	工作内容	技能要求	相关知识
1. 光缆施工与维护	1.1 光缆测试	1.1.1 能设置光时域反射仪(OTDR)测试参数 1.1.2 能对测试曲线进行存储和读取,计算光纤接头平均损耗 1.1.3 能进行光缆单盘检验 1.1.4 能测试判断光缆链路障碍 1.1.5 能结合线路竣工资料查找障碍点 1.1.6 能识别光端设备告警信息	1.1.1 光纤损耗特性的测试方法 1.1.2 光缆的基本特性 1.1.3 光缆障碍的处理方法 1.1.4 光缆施工图知识
	1.2 光缆接续	1.2.1 能接续 96 芯及以下的光缆接头(含带状光缆) 1.2.2 能接续 96 芯及以下的终端盒、ODF 光缆成端 1.2.3 能在光缆接头处进行光缆的分歧接续	1.2.1 96 芯以下的光缆的接续方法及分歧接续方法 1.2.2 光缆工程的施工规范 1.2.3 光缆工程的验收规范
2. 电缆施工与维护	2.1 电缆测试	2.1.1 能用查漏仪查找电缆漏气点 2.1.2 能用电缆障碍测试仪查找电缆故障	2.1.1 电缆查漏仪的使用方法 2.1.2 电缆障碍的测试方法
	2.2 电缆接续	2.2.1 能制作 200 对以上的成端电缆 2.2.2 能接续 200 对以上的成端电缆 2.2.3 能制作 600 对交接箱的成端电缆	2.2.1 电缆成端的制作方法 2.2.2 电缆交接箱成端的制作方法
	2.3 电缆敷设	2.3.1 能识别电缆施工图 2.3.2 能按图纸实施架空、直埋、管道、墙壁、室内电缆的敷设★	2.3.1 电缆的敷设方法及其规范 2.3.2 电缆施工图的识别,图例的含义
3. 杆线施工与维护	3.1 杆路架设	3.1.1 能对通信杆路定点定线 3.1.2 能装设品接杆、单接杆★	3.1.1 角深及其测量方法 3.1.2 杆路由图知识 3.1.3 品接杆、单接杆的制作方法
	3.2 拉线制作	3.2.1 能用另缠法制作木杆拉线上把★ 3.2.2 能用另缠法更换水泥杆拉线	3.2.1 另缠法制作拉线上把的规范 3.2.2 另缠法更换拉线的规范
	3.3 吊线安装	3.3.1 能用另缠法制作吊线终结★ 3.3.2 能用地阻仪等常用仪表测量吊线接地电阻	3.3.1 另缠法制作吊线的方法 3.3.2 地阻仪等测试仪表的使用方法

职业功能	工作内容	技能要求	相关知识
4. 管道敷设 与维护	4.1 管道、人(手)孔 敷设	4.1.1 能砌筑人(手)孔 4.1.2 能抹人(手)孔内壁 4.1.3 能安装人(手)孔上覆	4.1.1 砌筑人(手)孔的施工 规范 4.1.2 人(手)孔上覆的标准和 要求
	4.2 管道测量	4.2.1 能移置管道高程点 4.2.2 能计算沟、坑、人(手)孔高程 4.2.3 能根据设计图计算出管道坡度	4.2.1 沟、坑、人(手)孔高程的 测量方法 4.2.2 常用的管道坡度计算 公式
5. 天馈线施工 与维护	5.1 天线安装	5.1.1 能制定安全措施,划定安全区域, 设立警示标识 5.1.2 能安装微波天线、馈源 5.1.3 能制作联合接地线	5.1.1 微波天线安装规范 5.1.2 场强仪的原理及使用 方法 5.1.3 天线安全区域规划标准 5.1.4 联合接地制作方法
	5.2 馈线安装	5.2.1 能制作天线与馈线的软连接 5.2.2 能制作馈线金属保护接地并进行 防腐处理 5.2.3 能制作天线及机房入口处保护 接地 5.2.4 能制作机柜内馈线成端	5.2.1 机柜内馈线的安装绑扎 规范 5.2.2 馈线接地种类及方法 5.2.3 软馈线施工规范
6. 楼宇布线 与维护	6.1 用户终端安装	6.1.1 能设置计算机网卡的端口速度及 双工模式 6.1.2 能添加或移除计算机硬件,并安装 或卸载硬件驱动程序 6.1.3 能安装、卸载常用软件 6.1.4 能设置光 Modem 和路由器的网络 参数 6.1.5 能调测 IPTV 设备	6.1.1 宽带驱动程序的安装 方法 6.1.2 计算机操作系统的基本 知识 6.1.3 计算机网卡及相关部件 的功能 6.1.4 路由器的参数及功能 6.1.5 IPTV 系统技术原理及 安装规范
	6.2 用户终端测试	6.2.1 能用应用软件测试宽带速率 6.2.2 能利用仪表测试光 Modem 的发光 功率、光纤的损耗 6.2.3 能处理由光 Modem 配置错误引起 的网络故障	6.2.1 网络常见故障的处理 方法 6.2.2 宽带线路测试指标和测 试方法 6.2.3 光 Modem 的组成和基本 功能

附录 4 信息通信网络线务员理论知识权重表

		技能等级 项目	五级/初级工 （%）	四级/中级工 （%）	三级/高级工 （%）	二级/技师 （%）	一级/高级技师 （%）
基本 要求		职业道德	5	5	5	5	5
		基础知识	30	25	20	10	10
相关 知识 要求	五级、四级、三级按 工种选其一；二级、 一级全选	光缆施工与维护	20	20	30	25	25
		电缆施工与维护				5	5
		天馈线施工与维护				15	15
	杆线施工与维护		15	10	10	5	5
	管道敷设与维护		15	10	10	5	5
	楼宇布线与维护		15	20	25	20	20
	管理与培训		—	—	—	10	10
合计			100	100	100	100	100

附录5 信息通信网络线务员技能要求权重表

	技能等级 项目		五级/初级工 （%）	四级/中级工 （%）	三级/高级工 （%）	二级/技师 （%）	一级/高级技师 （%）
相关 知识 要求	五级、四级、三级按 工种选其一；二级、 一级全选	光缆施工与维护	40	40	45	30	30
		电缆施工与维护				5	5
		天馈线施工与维护				15	15
	杆线施工与维护		20	15	10	10	10
	管道敷设与维护		20	15	10	10	10
	楼宇布线与维护		20	30	35	20	20
	管理与培训		—	—	—	10	10
合计			100	100	100	100	100